HEDIANZHAN ANQUANQIAO JIEGOU
SHUANGXIANG DIZHEN FANYING YU GEZHEN YINGYONG YANJIU

核电站安全壳结构

双向地震反应与隔震应用研究

郑志 著

化学工业出版社
·北京·

内容简介

本书共9章，基于核电厂非预应力钢筋混凝土安全壳结构，利用大量的实际地震动，通过数值分析的方法，深入研究了核电厂安全壳结构在双向地震作用下的抗震性能及破坏机理，提出了考虑剪切效应耦合的核安全壳简化模型，并初步评估了核电厂安全壳遭受双向地震激励的真实能力值。

本书具有较好的专业性和参考性，对于保障核电厂的安全运营具有重要的理论意义和实际应用价值，可供核安全方面科研人员、从事核电厂结构抗震设计与研究工作相关工程人员参考，也可供高等学校核电专业师生参阅。

图书在版编目（CIP）数据

核电站安全壳结构双向地震反应与隔震应用研究/郑志著.—北京：化学工业出版社，2020.10

ISBN 978-7-122-37486-8

Ⅰ.①核… Ⅱ.①郑… Ⅲ.①核电站-安全壳（反应堆）-抗震性能-研究 Ⅳ.①TM623

中国版本图书馆CIP数据核字（2020）第142372号

责任编辑：刘 婧 刘兴春
责任校对：边 涛　　装帧设计：刘丽华

出版发行：化学工业出版社（北京市东城区青年湖南街13号 邮政编码100011）
印 装：北京盛通商印快线网络科技有限公司
710mm×1000mm 1/16 印张12 字数210千字 2020年10月北京第1版第1次印刷

购书咨询：010-64518888　　售后服务：010-64518899
网 址：http://www.cip.com.cn
凡购买本书，如有缺损质量问题，本社销售中心负责调换。

定 价：85.00元

前 言

核电是一种能量密度极高的能源，具有高效、清洁、低碳、环境友好及输出功率稳定的特点。发展核电必须以安全为基础和前提，安全是核电未来发展的生命线。地震作为核电厂设计和运行中必须考虑的外部自然灾害已经成为核电发展的瓶颈之一。近三十年来，世界范围内地震灾害多发，核电站是否能够抗御地震的问题越来越受到人们的高度重视。日本福岛于 2011 年 3 月 11 日发生里氏 9 级超强地震，核电站遭受地震灾害后的安全性再次被全世界所关注。

核电站安全壳作为防止核泄漏的最后一道屏障对于核电站抗震安全性非常重要。根据组成材料的不同，安全壳可分为钢安全壳、非预应力钢筋混凝土安全壳和预应力钢筋混凝土安全壳三种。当前，非预应力钢筋混凝土安全壳在全世界仍广泛存在，如我国的秦山压水堆核电站安全壳，日本滨冈和岛根沸水堆核电站安全壳，韩国压水堆核电站安全壳，美国克林顿、大海湾等沸水堆核电站安全壳，以及由美国能源机构所提出的小比例压水堆核电站安全壳。因此，针对外部非预应力钢筋混凝土安全壳的抗震性能研究对于提高核电厂系统的抗震安全性显得尤为重要。本书所介绍的对象正是以秦山核电厂安全壳为代表的外部非预应力钢筋混凝土安全壳。与普通框架结构及剪力墙结构不同，核电站安全壳的几何特点为高宽比较小、宽厚比较大，这就决定了其在地震作用下受力模式以剪切为主。因此，如何选择或者提出合适的数值建模方法以及理论分析方法进行该类核电站安全壳的研究对于把握其抗震性能有着非常重要的意义。由于地震震动的多维性，核电站安全壳遭受地震作用的惯性力方向并不始终保持一致。因此，如何准确地评估核电站安全壳在双向地震作用下的抗震能力及用何种参数进行评估也同样值得深入探索。

本书主要包含以下内容。

第1章有限元软件与二次开发，介绍了有限元分析软件如ABAQUS、OpenSees和ANSYS及不同软件进行二次开发的环境和所需要的基础知识，为后续核电站安全壳有限元模型的建立进行铺垫。

第2章核电站安全壳模型建立，介绍了核电站安全壳有限元模型采用的单元类型、材料模型、网格划分等，其中重点讲解了将混凝土塑性损伤理论与弥散裂缝模型相结合，开发了一种混凝土二维本构模型并将其嵌入ABAQUS软件中，最后通过核电站安全壳缩尺试验验证了模型的合理性。

第3章核电站安全壳双向地震反应分析，介绍了核电站安全壳动力特性分析的结果；基于核电站场地地震危险性信息，挑选了与一致危险谱匹配较好的地震动记录，并利用挑选的双向地震动记录，给出了核电站安全壳在双向地震作用下的分析结果，主要包括核电站安全壳的顶点位移响应及局部损伤和损伤耗散能量指标。

第4章核电站安全壳在双向荷载路径下的性能状态，详细地给出了核电站安全壳缩尺试件在单向、方形、圆形、菱形和无穷形荷载路径下的滞回性能分析结果，比较了荷载路径对开裂段、屈服段及倒塌段承载力和位移的影响。基于单个参数变化对核电站安全壳结构强度和延性的影响，建立了峰值强度比值、峰值位移比值及极限位移比值表达式，最后通过数值计算对OpenSees表达式进行了验证。

第5章核电站安全壳考虑双向剪切耦合的简化模型，建立了适用于双向地震加载的核电站安全壳Takeda恢复力模型，并基于软件开发了其源代码，最后给出了核电站安全壳试件试验及实体有限元模型与所开发简化模型在单向、方形、圆形、菱形和无穷形荷载路径下的对比，验证了所开发的基于截面的剪切耦合的简化模型的有效性及合理性。

第6章核电站安全壳双向地震易损性分析及HCLPF能力评估，引入了大量双向强度指标，研究了双向地震强度应用于评估结构反应的离散性，给出了核电站安全壳在双向地震激励下的易损性评估结果，建立了核电站安全壳对应于开裂状态、峰值状态和极限状态的易损性曲线，最后用双向地震强度指标评定了其HCLPF能力值。

第7章隔震核电站安全壳地震可靠度分析，采用拉丁超立方抽样方法比较了核电站安全壳隔震与不隔震下的抗震可靠度，给出了影响结构抗震可靠度的材料参数及地震参数，最后用 HCLPF 给出了核电站安全壳隔震与不隔震下抗震能力的差别。

第 8 章隔震核电站安全壳抗震裕度，利用 EPRI 报告中建议的保守的确定性失效裕度分析方法对不隔震和隔震核电站安全壳结构进行了极限状态下的评估，结果表明合理的隔震限位装置可提高隔震核电站安全壳的抗震裕度。

第 9 章总结与展望，对全书进行了总结并对未来研究进行了展望。

尽管作者在核电站安全壳地震破坏机理及评估方面进行了一定研究，但仍有很多不足，同时限于写作时间及水平，书中不足与疏漏之处在所难免，敬请读者批评指正。

著　者

2020 年 5 月

目录

第1章 有限元软件与二次开发

与缩尺模型地震试验相比，采用有限元模型进行数值试验非常经济，并且合理运用有限元软件及其二次开发功能同样可以获得模型可靠且精确的分析结果。本书后续章节采用不同的有限元软件包括 ABAQUS、OpenSees 及 ANSYS。对核电站安全壳及隔震安全壳进行了地震反应分析。值得注意的是，为了获得更为可靠的计算结果或者达到更高的计算效率，本书基于 ABAQUS 二次开发平台编写了融合旋转裂缝模型和混凝土塑性损伤理论的混凝土二维本构模型，利用 OpenSees 开源属性开发了考虑核电站安全壳双向剪切耦合的截面恢复力模型。在进行后续章节之前，本章首先针对不同有限元软件的特点及二次开发环境及属性做一基本介绍。

1.1 ABAQUS 软件

1.1.1 ABAQUS 软件简介

ABAQUS[1] 是一套功能强大的有限元软件，其可以解决航天工程、机械工程、化学工程、土木工程等实际工程问题，同时其解决问题的范围从相对简单的线性分析到许多复杂的非线性问题。ABAQUS 软件集成了十分丰富的单元库，包括实体单元、壳单元、薄膜单元、梁单元、杆单元、刚体元、连接元、无限元等；同时也包含十分丰富的材料模型库，包括线弹性材料、正交各向异性材料、多孔结构弹性材料、亚弹性材料、超弹性材料、黏弹性材料、金属塑性材料、铸铁塑性材料、蠕变材料、Druker-Prager 模型、Capped Drucker-Prager 模型、Cam-Clay 模型、Mohr-Coulomb 模型、泡沫材料模型、混凝土材料模型、渗透性材料模型。ABAQUS 软件不仅可以模拟不同形状的工程构件及结构，同时还可以模拟绝大多数工程材料的性能，包括金属、橡胶、高分子材料、复合材料、钢筋混凝土、可压缩高弹性的泡沫材料以及类似于土和岩石等地质材料。

ABAQUS为用户提供了广泛的功能，其提供的界面建模对初学者非常友好。在解决实际的工程问题时，用户可以将大量复杂问题分解为ABAQUS不同选项块的组合。例如，用户需要处理一个结构的高度非线性问题，其需要获得基本的工程数据，如结构的几何形状、材料性质、边界条件及载荷工况。同时，ABAQUS具有强大的非线性分析能力，其能自动选择相应载荷增量和收敛限度，而且在分析过程中能不断改变参数以确保有效地得到理想结果。

ABAQUS提供了一个具有交互（GUI）作用的图形模块——ABAQUS/CAE，用户可以通过该模块实现工程结构的特征造型、定义材料属性、完成网格划分和控制、提交并监控分析作业，分析结果同样可通过该模块进行操作。ABAQUS提供两个主分析模块，即ABAQUS/Standard和ABAQUS/Explicit。前者是一个通用分析模块，它能够求解广泛的线性和非线性问题，包括结构的静态、动态、热和电反应等，对于通常同时发生作用的几何、材料和接触非线性采用自动控制技术处理；而后者适于分析如冲击和爆炸等短暂、瞬时的动态事件，是利用对显式积分求解动态有限元方程，该模块也适于分析高度非线性问题，包括模拟某类工程结构的大变形问题。

1.1.2 ABAQUS二次开发平台

ABAQUS提供了Python、FORTRAN、C++三种语言供用户二次开发。

众所周知，Python系国际上广泛使用、功能强大、具有良好开放性的一种面向对象程序设计语言，同时具有极强的可移植性。基于Python语法规则，ABAQUS提供给二次开发者丰富的库函数，利用库函数开发者可以更方便地进行ABAQUS的交互式（GUI）操作。需要指出的是，采用ABAQUS脚本语言对于交互式（GUI）界面操作有两大优势：第一，可直接高效地向ABAQUS内核提交任务，更加方便快捷；第二，可以方便地进行参数化建模，同时可以一次提交多个作业。

除了脚本语言接口，ABAQUS还为用户提供了功能强大的用户子程序接口(Abaqus user subroutines)，以帮助用户开发基于ABAQUS内核的程序，常用的用户子程序包括用户单元子程序（User subroutine to define an element，UEL)、用户材料子程序（User subroutine to define a material's mechanical behavior，UMAT)，其中UMAT的使用最为广泛，它主要用于用户开发自己的材料模型，以弥补ABAQUS自带材料模型的不足，帮助用户完成各种材料分析，功能极为强大，本书也重点采用了UMAT的功能开发了结合转动裂缝模型和混凝土塑性损伤理论的混凝土本构模型。

用户在使用材料子程序 UMAT 之前，需要对开发环境进行设置。特别需注意的是，UMAT 仅支持 FORTRAN 语言，因此，运行 UMAT 就需要同时获得 FORTRAN 开发环境和 ABAQUS 内核的支持。本书采用的 ABAQUS 版本为 6.14.3，支持 Intel Visual Fortran 2013，Intel Visual Fortran 2013 又需要安装 Microsoft Visual Studio 平台的支持，本书选用 Microsoft Visual Studio（Ultimate 2013）版本。

UMAT 的一般结构形式如下：

SUBROUTINE S（x1，x2，，……，xn)

INCLUDE 'ABA_PARAM.INC'（针对 ABAQUS/Standard 用户子程序）

或者 INCLUDE 'VABA_PARAM.INC'（针对 ABAQUS/Explicit 用户子程序）

……

RETURN

END

其中，x1，x2，……，xn 是 ABAQUS 提供的用户子程序的接口参数，接口参数包括用户自己定义和 ABAQUS 传到用户子程序中两种；文件 ABA_PARAM.INC 和 VABA_PARAM.INC 含有重要的参数，其可以帮助 ABAQUS 主求解程序对用户子程序进行编译和链接；RETURN 语句会将运行结果传递到引用程序单元中；END 语句是用户子程序结束的标志。

如果一个算例需要用到多个用户子程序，用户必须把它们集合在一个文件中，其中文件的扩展名为 for。运行带有用户子程序的算例一般有两种方法：一是在 CAE 中运行，用户需要首先定义用户子程序需要的输入参数，然后在 EDIT JOB 菜单中的 GENERAL 子菜单的 USER SUBROUTINE FILE 对话框中选择用户子程序文件即可；二是在 ABAQUS.COMMAND 中运行，语法规则为 abaqus job=job-name user= {source-file | object-file}。

1.2 OpenSees 软件

1.2.1 OpenSees 软件简介

OpenSees[2] 是由美国国家自然科学基金（NSF）资助、西部大学联盟“太平洋地震工程研究中心”（Pacific Earthquake Engineering Research Center，

PEER）主导、加州大学伯克利分校为主研发而成的、用于结构和岩土方面地震反应模拟的一个较为全面且不断发展的开放的程序软件体系。

OpenSees 程序自 1999 年正式推出以来，已经引起了世界各国结构工程领域众多研究人员的关注和重视。作为国外具有一定影响的开发平台，其一个重要特点就是开源性，官方网站提供了有关软件架构的信息、源代码访问途径及开发流程，地震工程研究人员利用其开源性作为交流的纽带，建立起 OpenSees 软件开发的共同体。OpenSees 这种开源性的特点，一方面使得不同的用户可以根据实际情况改进材料的本构关系、加入新的单元类型或者设计和使用更为高效的迭代算法；另一方面，通过不断交流和分享软件的使用经验、技巧和体会，可以使研究工作与国际水平保持同步。OpenSees 主要用于结构和岩土方面的地震反应模拟，可以实现的分析包括静力弹性与非线性分析、截面分析、模态分析、Pushover 分析、动力线弹性分析和复杂的动力非线性时程反应分析等，还可用于结构和岩土体系在地震作用下的可靠度及灵敏度的分析。作为开放式的岩土与结构非线性抗震分析程序，OpenSees 在伯克利开发人员和世界各地越来越多使用者的共同努力下，正在不断地发展、提高和完善。

OpenSees 采用 Tcl 脚本语言编写命令流，基于脚本语言可以创建非常灵活的输入文件。它由四个相互独立而又相互联系的模块组成，包括 ModelBuilder 模块、Domain 模块、Recorder 模块以及 Analysis 模块。每一次完整的有限元分析都需要创建这四个模块，从而实现结构有限元模型建立、分析过程定义、分析过程中监测数量的选择以及分析结果的输出，如图 1-1 所示。

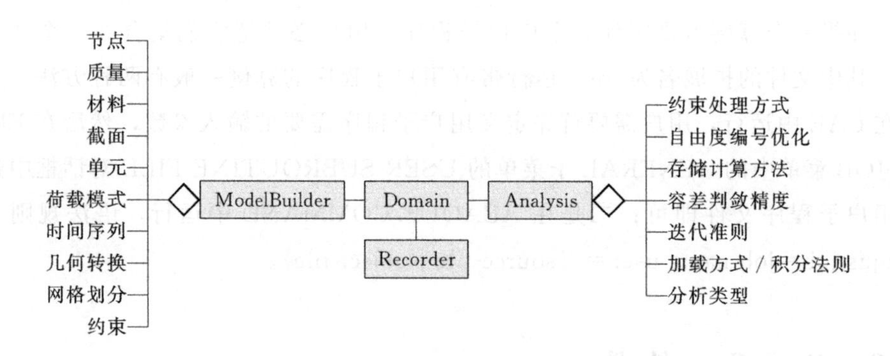

图 1-1　OpenSees 的模块组成

下面对每一个模块的具体功能进行简要的阐述。

(1) ModelBuilder 模块

和任何一种有限元分析一样，该模块是实现结构分析的第一步，主要通过定义节点、质量、材料、截面、单元、荷载模式、时间序列、几何转换、网格划分和约束来实现有限元模型的建立，用到的命令包括 node、mass、uniaxialMaterial/nDMaterial、section、element、pattern、TimeSeries、Geometric Transformation、block 以及 constraints，然后把建立好的对象添加到 Domain 模块中。

（2）Domain 模块

该模块主要负责储存 ModelBuilder 模块建立的对象，并将这些对象与 Recorder 模块和 Analysis 模块联系起来。

（3）Recorder 模块

该模块主要负责记录并输出分析结果，用户可以根据需要指定要监测和输出的参数，例如任意节点的位移、速度、加速度等，以及层间位移角、杆端力、截面抗力和变形、应力应变等。由于仅输出用户指定的参数，其他量不予输出，所以大大提高了计算效率。监测的数据被保存在用户指定的文件中（. out 格式或 . txt 格式），方便进行后处理。

（4）Analysis 模块

该模块主要负责对建立的有限元模型进行分析计算，需要用户指定约束处理方式、自由度编号、存储计算方法、容差判敛精度、迭代准则、加载方式或积分法则、分析类型，涉及的命令包括 constraints、numberer、system、test、algorithm、integrator 和 analysis。在分析进程中，结构的状态由 t 时刻推进到 $t+\Delta t$ 时刻，这可能涉及从一个简单的静力线性分析到一个动力非线性分析的转变。

OpenSees 程序自发布以来经历了多次更新，本书选择程序的 2.5.0 版本进行后续的核电站安全壳有限元分析。

1.2.2 OpenSees 二次开发平台

OpenSees 提供了一种脚本语言供用户二次开发：C++。C++的编译环境采用 Microsoft Visual Studio 2012，Tcl 语言采用 ActiveTcl8.5.11 版本。具体的编译步骤如下。

① 在 OpenSees 官方网站（https：//opensees. berkeley. edu/）上下载其源代码。

② 启动 Microsoft Visual Studio 2012，单击文件>打开>项目/解决方案，在弹出的对话框中找到源代码目录下的 win32>OpenSees2005. sln，并打开。

③ 将 OpenSees 项目设为启动项。注意，缺省情况下 actor 是启动项，用户需在解决方案资源管理器中右击 OpenSees 项，在弹出的菜单中将其改为“设为

启动项目”。

④ 定义 Tcl 包含文件和库文件，单击工具>选项，弹出选项对话框，展开项目与解决方案，单击 VC++目录，在右侧“显示以下内容的目录”下拉菜单中选择包含文件，输入 Tcl 包含文件路径，如果按照 Tcl 的默认安装路径，应该设为：C:\Tcl\include。然后，选择库文件，输入 Tcl 库文件路径，默认为：C:\Tcl\lib。

⑤ 通过编译运行从而生成解决方案，将生成的 OpenSees. exe 执行文件拷贝到 TCLeditor \ bin 目录下，就可直接调用开发的子程序。

1.3 ANSYS 软件

1.3.1 ANSYS 软件简介

ANSYS[3] 是目前世界顶尖的有限元商业应用程序，是将结构、流体、电场、磁场、声场分析融为一体的大型通用有限元分析软件，其已经成功应用在机械、电机、土木、电子及航空等多个领域。ANSYS 有限元软件最早源于美国 John Swanson 博士于 1970 年创建 ANSYS 公司后开发的应用程序，其最大优势为能与多数 CAD 软件接口，如 AutoCAD、Pro/Engineer、NASTRAN、IDEAS 等，从而实现数据的共享和交换。

ANSYS 主要有以下特点：

① ANSYS 在存储模型数据及求解结果时使用一致数据库，目的是保证前后处理、分析求解及多场分析的数据统一；

② ANSYS 提供的 GUI 界面操作功能，使得用户可方便地建立各种复杂的三维几何模型；

③ ANSYS 提供了丰富的求解器，用户可以根据实际工况和精度要求选择合适的求解器；

④ ANSYS 非线性分析功能非常强大，其可进行几何非线性、材料非线性以及状态非线性分析；

⑤ ANSYS 网格划分功能非常智能，其可根据模型的特点自动生成有限元网格；

⑥ ANSYS 具有良好的用户开发环境和良好的优化功能。

ANSYS 典型的分析过程包含前处理、加载及求解和后处理三个模块。前处理模块由两部分内容组成：实体建模和网格划分。实体建模时，用户可根据需要采用自顶向下或自底向上建模方法。自顶向下和自底向上建模的区别在于：自顶向下建模需要用户首先指定一个模型的最高级图元，如立方体、球体，而线、面、关键点则由程序自动定义；自底向上建模需要用户首先指定最低级的图元，即用户要依次建立关键点、线、面、体从而创建模型。ANSYS 程序提供了相加、相减、相交、分割、黏结和重叠等布尔运算法则以及拖拉、延伸、旋转、移动、延伸和拷贝实体模型图元的功能，合理地运用上述方法及规则在创建复杂实体模型时可以大大减少建模工作量。ANSYS 程序提供了四种网格划分方法：延伸划分、映像划分、自由划分和自适应划分。适当地运用四种网格划分方法可以便捷、高质量地获得几何模型的网格划分结果。加载及求解模块包括定义分析类型、分析选项、载荷数据、载荷步选项及有限元求解等。

后处理模块是将求解的分析结果以云图或其他图形形式显示和输出。在结果云图中，等值线颜色代表了不同计算结果大小，其可以清晰地反映计算结果的区域分布情况。此外，还可以监测模型在某个时间段或子步历程中的结果并通过绘制曲线或列表查看，如节点位移、速度或加速度。

本书后续章节采用了 ANSYS 参数化建模功能分析了隔震核电站和不隔震核电站抗震可靠度。

1.3.2 ANSYS 二次开发平台

ANSYS 提供四种方式供用户二次开发：ANSYS 参数化设计语言（ANSYS Parametric Design Language，APDL）、用户可编程特性（User Programmable Features，UPFs）、用户界面设计语言（User Interface Design Language，UIDL）及工具命令语言（Tool command language，Tcl/Tk，其中 Tk 是基于 Tcl 的图形开发工具箱）。利用以上四种工具不仅可以建立新的单元类型，创建材料模型，如非线性弹性、弹塑性、黏弹塑性、蠕变、超弹性等材料模型，构建新的摩擦准则，还可以参数化建模，优化分析，构建流程化的 ANSYS 分析平台，建立用户特殊需求的 ANSYS 用户界面等。

APDL 本质是一种解释性文本语言，由类似于 FORTRAN 的语言部分和 1000 多条 ANSYS 命令组成，其包括顺序、选择、循环及宏等结构。用户可利用 APDL 构建出参数化的用户程序，例如建立参数化的实体模型、参数化的网格划分与控制、参数化的材料定义、参数化的载荷和边界条件定义、参数化的分析控制和求解以及参数化的后处理，从而更加方便快捷地实现有限元分析的全过程。本书后续进行隔震和不隔震核电站安全壳抗震可靠度分析时即利用了 ANSYS 的 APDL 参数化建模功能。

UPFs 是用户通过修改 ANSYS 提供的用户可编程子程序和函数的 FOR-

TRAN 源代码，从而对 ANSYS 进行二次开发。用户可以根据需要利用 UPFs 创建新单元、定义新的材料属性、构建用户失效准则等，还可以编写优化分析与设计算法，甚至还可以将整个 ANSYS 程序作为子程序调用。

UIDL 是 ANSYS 为用户提供的专门进行程序界面设计的语言，允许用户通过改变 ANSYS 图形界面（GUI）中的组项，从而灵活使用、组织设计 ANSYS 图形界面的工具。用户可利用 UIDL 编写扩展名为 *.GRN 的控制文件，其可在 ANSYS 原有菜单中添加用户指定的菜单项和控制程序。

Tcl 是一种脚本语言，也一种解释性语言，它可以很容易地添加到其他应用程序中。Tk 是基于 Tcl 的图形开发工具箱。用户可利用 Tcl/Tk 构建出满足指定要求的界面。到目前为止，Tcl/Tk 已经完全兼用于 ANSYS6.1 及更高版本。

1.4 本章小结

本章首先介绍了 ABAQUS、OpenSees 及 ANSYS 三种有限元软件及其二次开发平台与环境。

ABAQUS 与 ANSYS 都属于通用有限元软件，其能适用于不同行业不同领域的有限元仿真，而 OpenSees 属于专业类软件，其是针对土木工程领域而开发，因而其包含的针对土木工程领域的材料类型及非线性分析方法更丰富；ABAQUS 与 ANSYS 都有极为庞大的研发团队，其前后处理能力优于 OpenSees；OpenSees 是一款完全开源的有限元软件，更适合于编程人员进行二次开发。

基于以上特点，本书第 2 章基于 ABAQUS 二次开发平台采用用户材料子程序 UMAT 开发了基于塑性损伤力学以及弥散裂缝模型中转动裂缝概念一种简化的混凝土二维本构模型，本书第 5 章开发了核电站安全壳考虑双向剪切耦合的截面恢复力模型 BidirectionNPP，并将其编译到 OpenSees 源代码中，最后验证了所开发程序的合理性，本书第 7 章利用 ANSYS 参数化设计语言 APDL 建立了参数化的隔震与不隔震核电站安全壳有限元模型，最后比较了两种核电站安全壳的抗震可靠度。

第2章 核电站安全壳模型建立

核电站安全壳是防止核泄漏物质进入外部环境的最后一道屏障，而目前超设计地震偶有发生，因此如何保证其在地震作用下的安全性是结构工程师需要考虑的问题之一。通常，预测结构的地震反应可以采用试验方法和数值分析方法。鉴于实验条件的局限性及核电站安全壳结构的复杂性，数值分析方法是本章重点的研究方法。合理、准确的核电站安全壳建模不仅可以得到准确的数据，还可以准确地预测结构在地震作用下的反应，合理判断结构的损伤状态，为进一步设计和评估未建核电站提供参考。

本章首先介绍适用于核电站安全壳建模的单元类型，然后鉴于当前的弥散开裂模型无法直观描述核电站安全壳在地震作用下的损伤状态，将混凝土塑性损伤理论应用于弥散裂缝模型中，开发了一种混凝土二维本构模型并将其嵌入ABAQUS软件中，最后基于已有的缩尺核电站安全壳伪静力试验，对其进行建模分析并与试验结果进行对比，验证有限元模型的准确性和可靠性，为后续核电站安全壳的抗震性能分析和模型的简化奠定基础。

2.1 单元选择

核电站安全壳的几何形式主要分为球体、方形筒体和圆形筒体等。尽管核电站安全壳有多种几何形式，但其几何特性表现为高宽比小，这种几何特点决定了核电站安全壳在地震作用下以受剪为主。核电站安全壳另一个几何特性为宽厚比较大，因此模拟这类构件时，空间板壳单元与空间实体单元差别并不大。但是空间板壳单元具有更高的计算效率，因此，本章选用分层壳单元进行后续的模拟。由于分层壳单元能够考虑构件面内-面外作用力的耦合，因此其能较全面地反映壳体构件的空间力学行为。如图2-1所示，分层壳模型将一个壳单元沿厚度方向划分成多个混凝土层和钢筋层，其中钢筋层可根据配筋情况赋予相应的厚度而混凝土层可采用其实际厚度。此外，钢筋层还需根据箍筋及纵筋的实际布置离散为正交异性的钢筋层。

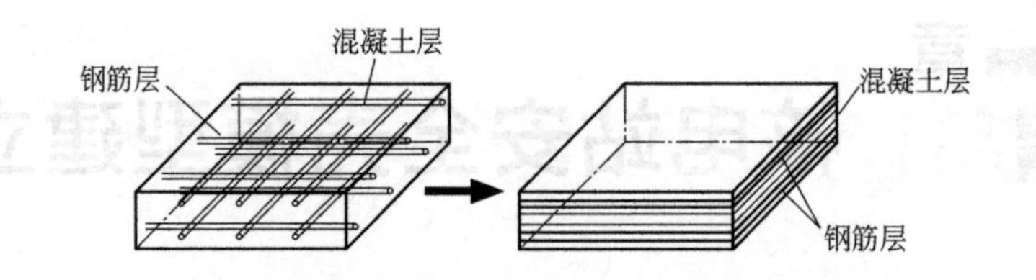

图 2-1　钢筋混凝土分层壳单元

2.2　混凝土二维本构

混凝土在开裂状态下呈现各向异性特性，平行于裂缝方向的混凝土表现出抗拉硬化特性，而垂直于裂缝方向的混凝土由于裂缝开展使其有一定程度的抗压软化。平行于裂缝方向的剪应力同样会极大地改变混凝土结构的受力特性。本章针对 ABAQUS 软件提供的混凝土弥散开裂模型不能模拟混凝土滞回行为的情况，开发了一种弥散裂缝模型（Smeared Crack Model），该模型基于塑性损伤力学并结合弥散裂缝模型中的转动裂缝概念，以进行核电站安全壳在静力及动力作用下的数值试验。

2.2.1　混凝土转动裂缝模型

在钢筋混凝土结构的分析研究中，一般有离散裂缝模型（Discrete Crack Model）、弥散裂缝模型（Smeared Crack Model）和断裂力学模型三种裂缝模型。

① 离散裂缝模型把裂缝视为单元边界，一旦出现新的裂缝就添加结点，再次划分单元，使得裂缝位于单元和单元的边界之间，如图 2-2（a）所示。采用这种方法，裂缝的产生和发展都可以得到很自然的描述。

② 弥散裂缝模型处理裂缝时不是采用单独的裂缝，而是分布的裂缝，因此当出现裂缝后，材料仍假定是连续的并可采用连续方程进行处理，如图 2-2（b）所示。这种处理方法不必增加节点和重新划分单元，较容易由程序自动进行。

③ 断裂力学模型主要是用于探讨带裂缝材料的断裂韧度，以及带裂缝构件在不同工况下裂缝的失稳、扩展和断裂规律，当前主要集中于探讨单个裂缝的应

力应变场的分布问题，如图 2-2（c）所示。

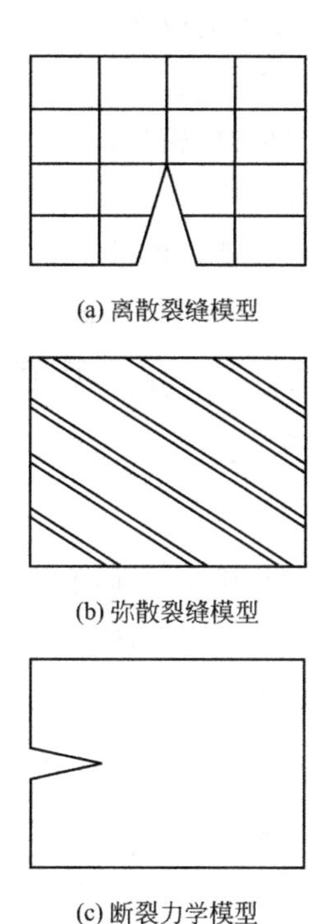

(a) 离散裂缝模型

(b) 弥散裂缝模型

(c) 断裂力学模型

图 2-2　处理裂缝的模型

在研究结构的承载力及整体变形等特性时，选择弥散裂缝模型较好，而研究局部变形特性时则选用断裂力学模型或者离散裂缝模型。弥散裂缝模型从连续应变的概念出发，代表钢筋混凝土的分布裂缝和独立的局部裂缝的宽度的平均裂缝应变，并且将应变分解成一部分属于裂缝两侧的混凝土材料、另一部分属于裂缝。因此，混凝土采用正交各向异性的亚弹性模型并正确地模拟强度和刚度退化，就能很好地模拟钢筋混凝土结构在反复荷载作用下的变形及承载力特性。Darwin-Pecknold 的“等价单轴应变”模型能够较好地解决这一问题，其方法是将双轴应力状态下的两个方向应变转变成等价单轴应变，然后就能应用单轴应力状态下的应力-应变关系[4]。Darwin-Pecknold 模型的具体形式如下：

$$\begin{Bmatrix} d\varepsilon_1 \\ d\varepsilon_2 \\ d\gamma_{12} \end{Bmatrix} = \begin{bmatrix} E_1^{-1} & -\mu_{12}E_2^{-1} & 0 \\ -\mu_{21}E_1^{-1} & E_2^{-1} & 0 \\ 0 & 0 & G_{12}^{-1} \end{bmatrix} \begin{Bmatrix} d\sigma_1 \\ d\sigma_2 \\ d\tau_{12} \end{Bmatrix} \tag{2-1}$$

式中　σ_1、σ_2——混凝土1和2轴方向应力；

ε_1、ε_2——混凝土1和2轴方向应变；

γ_{12}——混凝土12方向剪应变；

E_1、E_2——混凝土1和2轴方向模量；

τ_{12}——混凝土12方向剪应力；

G_{12}——混凝土12轴方向剪切模量。

$$\{d\sigma\}=[C]\{d\varepsilon\} \tag{2-2}$$

$$[C]=\frac{1}{1-\mu_{12}\mu_{21}}\begin{bmatrix} E_1 & \mu_{12}\sqrt{E_1E_2} & 0 \\ \mu_{21}\sqrt{E_1E_2} & E_2 & 0 \\ 0 & 0 & (1-\mu_{12}\mu_{21})G_{12} \end{bmatrix} \tag{2-3}$$

式中　μ_{12}、μ_{21}——混凝土12方向和21方向泊松比。

$$\begin{Bmatrix} d\sigma_1 \\ d\sigma_2 \\ d\tau_{12} \end{Bmatrix}=\begin{bmatrix} E_1B_{11} & E_1B_{12} & 0 \\ E_2B_{21} & E_2B_{22} & 0 \\ 0 & 0 & G_{12} \end{bmatrix}\begin{Bmatrix} d\varepsilon_1 \\ d\varepsilon_2 \\ d\gamma_{12} \end{Bmatrix} \tag{2-4}$$

式中　B_{11}、B_{12}、B_{21}、B_{22}——参数。

$$d\sigma_1=E_1(B_{11}d\varepsilon_1+B_{12}d\varepsilon_2) \tag{2-5}$$

$$d\sigma_2=E_2(B_{21}d\varepsilon_1+B_{22}d\varepsilon_2) \tag{2-6}$$

$$d\tau_{12}=G_{12}d\gamma_{12} \tag{2-7}$$

等价单轴应变是通过将各个积分步的增量进行积分而获得的，其是针对各个增量的每个主方向而定义的量。当主应力方向不变时，等价单轴应变就是该主方向的应变消除泊松比后的值。一旦应力主轴发生变化时，等价单轴应变只能通过积分来获得，这也表明等价单轴应变是与应力的路径相关的。

在混凝土开裂之前，G_{12}取弹性剪切模量G，在开裂之后，G_{12}取βG，这里β是剪切残留系数，用以考虑混凝土开裂后剪切刚度的退化，在模拟核电站安全壳水平荷载作用时本章按照式(2-8)进行计算[5]。

$$\beta=\frac{G_s}{G+G_s} \tag{2-8}$$

式中　G_s——开裂面的剪切模量，取3.53/max (ε_1、ε_2)。

由于计算过程中，混凝土坐标主轴随着主应力的变化而变化，且混凝土应力应变是基于当前局部坐标确定，因此，混凝土材料刚度矩阵及应力按下式转换到整体坐标下：

$$\boldsymbol{D}=\boldsymbol{R}^{T}\boldsymbol{D}'\boldsymbol{R} \tag{2-9}$$

$$
\boldsymbol{R}=\begin{bmatrix} \cos\theta^2 & \sin\theta^2 & \cos\theta\sin\theta \\ \sin\theta^2 & \cos\theta^2 & -\cos\theta\sin\theta \\ -2\cos\theta\sin\theta & 2\cos\theta\sin\theta & \cos\theta^2-\sin\theta^2 \end{bmatrix} \tag{2-10}
$$

式中　$\boldsymbol{D}$——整体坐标矩阵；

$\boldsymbol{D}'$——局部坐标矩阵；

$\boldsymbol{R}$——坐标转换矩阵；

θ——整体坐标与局部坐标之间夹角。

一般认为，弥散裂缝模型中当单元内部的最大拉应力超过开裂应力时，混凝土就发生开裂。当混凝土发生开裂后，混凝土材料变为各向异性材料，主应变和主应力方向不再相同并且主应力方向和初始裂缝方向也不再相同。此时，裂缝表面将出现剪应力。弥散裂缝模型通常包含固定裂缝模型和多裂缝模型。固定裂缝模型认为混凝土开裂后，裂缝方向永远保持不变，即 $\boldsymbol{R}$ 矩阵保持不变，但是由于切线剪切模量 G_{12} 始终大于零，导致裂缝表面的剪应力随剪切应变增加而只能增大，不能有效模拟裂缝的剪切软化问题。多裂缝模型认为当裂缝方向和主应力方向夹角超过一定范围 θ 后，裂缝会在新的主应力方向重新生成，而原有的裂缝闭合。举例来说，当 $\theta=30°$时，模型类型为 6 裂缝模型；当 $\theta=45°$时，模型类型为 4 裂缝模型。值得注意的是，当 $\theta=0°$时，即裂缝方向和主应力方向保持相同，该种裂缝模型被定义为转动裂缝模型。特别地，如果在转动裂缝模型基础上还满足 $G_{12}=\dfrac{\sigma_1-\sigma_2}{2(\varepsilon_1-\varepsilon_2)}$，该种裂缝模型被定义为共轴转动裂缝模型。由于固定裂缝模型不能模拟剪切软化问题以及多裂缝模型角度选取的复杂性，本章选取转动裂缝模型作为开发模型。

2.2.2　混凝土单轴应力应变关系

在增量塑性理论中，总应变分量 ε 可分解为弹性部分 ε^e 和塑性部分 ε^p。总应变分量由弹性分量和塑性分量组成：

$$
\varepsilon=\varepsilon^e+\varepsilon^p \tag{2-11}
$$

假定结构材料非现在状态 $\{\varepsilon^e,\ \varepsilon^p,\ \kappa\}$ 已知，应力分量可以由下式得出：

$$
\sigma=(1-d)\bar{\sigma}=(1-d)E_0(\varepsilon-\varepsilon^p) \tag{2-12}
$$

式中　E_0——材料初始弹性模量；

d——材料刚度退化参数，范围为 0～1。

混凝土材料开裂或压碎均会导致材料弹性刚度的降低，因此混凝土材料可以由抗拉损伤和抗压损伤变量组成的一组函数表征。抗拉损伤函数 d_t 和抗压损伤函数 d_c 由单轴抗拉试验和单轴抗压试验确定。根据经典损伤力学理论，有效应力定义为：

$$\bar{\sigma}=\frac{\sigma}{(1-d)}=E_0(\varepsilon-\varepsilon^p) \tag{2-13}$$

混凝土单轴应力应变关系见图 2-3[1]。

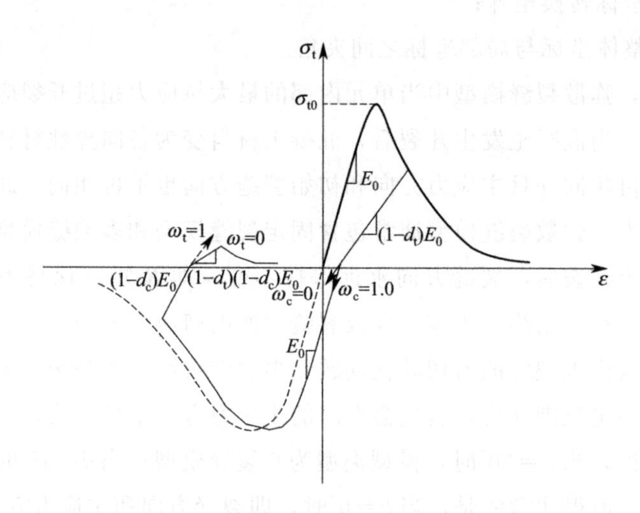

图 2-3　混凝土单轴本构曲线

从图 2-3 中可见，混凝土本构关系由抗压应力应变关系、抗拉应力应变关系、抗压损伤因子（d_c）、抗拉损伤因子（d_t）、抗压刚度恢复系数（ω_c）及抗拉刚度恢复系数（ω_t）构成，其中抗拉损伤因子与抗拉损伤因子都随着单元或构件变形的增大而不断增大，且其值不可恢复，只会单调增大。抗压刚度恢复系数表示混凝土由受拉转变为受压时抗压刚度的恢复程度，即描述混凝土受拉对于其受压的影响程度，通常情况下，ω_c 取 1 表示混凝土材料由受拉转变为受压时受压刚度完全恢复。抗拉刚度恢复系数表示混凝土由受压转变为受拉时抗拉刚度的恢复程度，即描述混凝土受压对于其受拉的影响程度，通常情况下，ω_t 取 0 表示混凝土材料由受压转变为受拉时，由于受压产生的压裂缝导致受拉刚度丧失。在本章研究中，ω_c 和 ω_t 均取经验值，即 ω_c 取 1、ω_t 取 0。

2.2.3　混凝土二轴应力状态破坏准则

根据 Kupfer[6] 的试验结果，混凝土二轴应力状态破坏准则按下式确定：

$$\alpha=\frac{\sigma_2}{\sigma_1} \tag{2-14}$$

当 $0.0\leqslant\alpha\leqslant 1.0$

$$\sigma_2=\frac{1+3.65\alpha}{(1+\alpha)^2}f'_c \tag{2-15}$$

$$\varepsilon_2=\varepsilon_c\left(3\frac{\sigma_2}{f'_c}-2\right) \tag{2-16}$$

$$\sigma_1=\alpha\sigma_2 \tag{2-17}$$

$$\varepsilon_1=\varepsilon_c\left[-1.6\left(\frac{\sigma_1}{f'_c}\right)^3+2.5\left(\frac{\sigma_1}{f'_c}\right)^2+3.5\left(\frac{\sigma_1}{f'_c}\right)\right] \tag{2-18}$$

当 $-0.17\leqslant\alpha<0.0$

$$\sigma_2=\frac{1+3.28\alpha}{(1+\alpha)^2}f'_c \tag{2-19}$$

$$\varepsilon_2=\varepsilon_c\left[4.42-8.38\left(\frac{\sigma_2}{f'_c}\right)+7.54\left(\frac{\sigma_2}{f'_c}\right)^2-2.58\left(\frac{\sigma_2}{f'_c}\right)^3\right] \tag{2-20}$$

$$\sigma_1=\alpha\sigma_2 \tag{2-21}$$

$$\varepsilon_1=\frac{\sigma_1}{E_0} \tag{2-22}$$

当 $\alpha<-0.17$

$$\sigma_2=\frac{1+3.28\alpha}{(1+\alpha)^2}f'_c \tag{2-23}$$

$$\varepsilon_2=\varepsilon_c\left[4.42-8.38\left(\frac{\sigma_2}{f'_c}\right)+7.54\left(\frac{\sigma_2}{f'_c}\right)^2-2.58\left(\frac{\sigma_2}{f'_c}\right)^3\right] \tag{2-24}$$

$$\sigma_1=f'_t \tag{2-25}$$

$$\varepsilon_1=\frac{\sigma_1}{E_0} \tag{2-26}$$

式中 σ_1、σ_2——混凝土 1 和 2 轴方向应力；

ε_1、ε_2——混凝土 1 和 2 轴方向应变；

α——混凝土 2 轴与 1 轴方向应力比；

f'_c——混凝土峰值压应力；

f'_t——混凝土峰值拉应力；

ε_c——混凝土峰值压应变；

E_0——混凝土初始弹性模量。

2.3 核电站安全壳缩尺模型试验验证

验证数值建模最有效的方法即通过结构模型试验来进行验证。本章利用两个核电站安全壳缩尺试验进行了数值模型的验证。

2.3.1 试验概况

本章中所采用对比试验取自1980年Setogawa所做的钢筋混凝土筒体拟静力试验[7]。该拟静力推覆试验所选用的对象为两个直径为1200mm、高度为1150mm的钢筋混凝土筒体（试件1和试件2）。图2-4给出了模型尺寸。

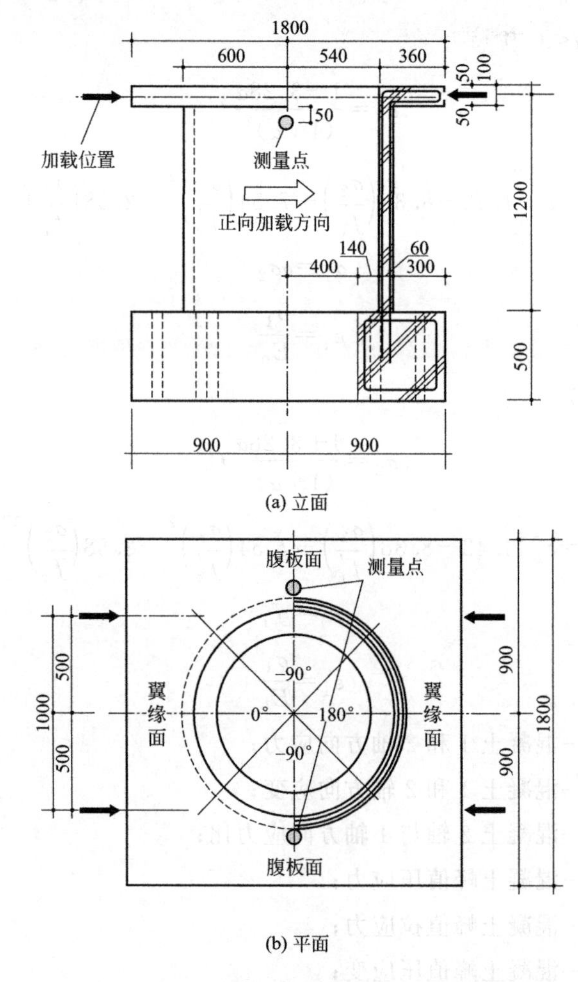

图2-4　钢筋混凝土筒体剪力墙试验装置（单位：mm）

从图 2-4 还可以看到，位移计放置在垂直于腹板面 90°方向上并且测量点设在低于加载板 50mm 处。

表 2-1 给出了所模拟钢筋混凝土筒体的材料特性及试验缩尺信息。表 2-2 给出了钢筋分布情况。图 2-5 给出了试验构件加载模式，试验总共进行了 250 个加载步，转角（测量点位移与测量点高度之比）从 0 循序增大到 0.015。值得注意的是，Kinji[8] 于 1989 年完成的缩尺比例对核电站安全壳筒体滞回曲线的影响研究表明，缩尺比例对其影响相对较小，因此，本章并未着重讨论缩尺比例这个影响因素。

表 2-1 试验装置材料特性

试验工况	试件 1	试件 2
模型缩尺	1/38	1/38
剪跨比	1.0	1.0
混凝土弹性模量/(N/mm^2)	2.26×10^4	2.06×10^4
混凝土抗压强度/(N/mm^2)	23.0	25.2
配筋率(竖向,横向)/%	1.2,0.6	2.4,1.2
钢筋弹性模量/(N/mm^2)	2.07×10^5	2.07×10^5
钢筋屈服应力/(N/mm^2)	324.0	324.0
平均轴向应力	0.202	0.28467

表 2-2 试验装置的钢筋分布（单层）

钢筋分布	竖向	水平
试件 1	D6@9°	D6@178mm
试件 2	D6@4.5°	D6@89mm

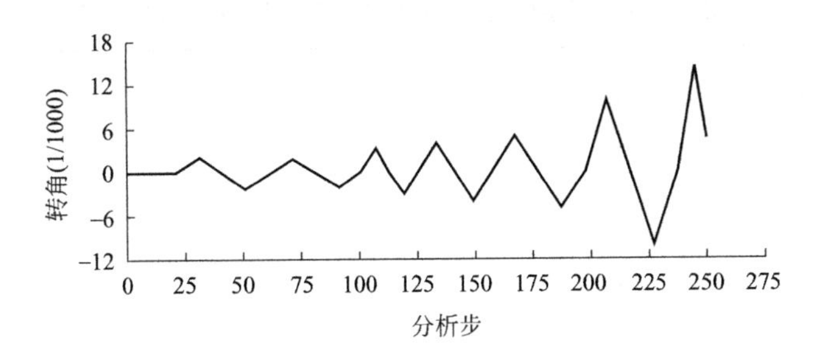

图 2-5 试验构件加载模式

2.3.2 数值建模

本章采用分层壳单元及建立的混凝土本构模型进行核电站安全壳的数值建模。表 2-3 和表 2-4 分别给出了两个试验模型的混凝土单轴应力应变关系。该单轴应力应变关系通过《混凝土结构设计规范》(GB 50010—2010)[9] 进行计算。

表 2-3 试件 1 混凝土单轴本构关系及相应的损伤因子

抗压应力/MPa	抗压非弹性应变	抗压损伤因子	抗拉应力/MPa	抗拉非弹性应变	抗拉损伤因子
23.00	0	0.00	2.30	0	0.00
19.98	0.0005	0.24	1.73	0.00005	0.29
15.80	0.001	0.41	1.00	0.00015	0.58
12.63	0.0015	0.53	0.83	0.0002	0.65
10.37	0.002	0.61	0.63	0.0003	0.74
8.74	0.0025	0.67	0.52	0.0004	0.79
7.52	0.003	0.71	0.44	0.0005	0.82
5.85	0.004	0.77	0.39	0.0006	0.84
4.77	0.005	0.81	0.35	0.0007	0.86
4.03	0.006	0.84	0.32	0.0008	0.87
3.48	0.007	0.86	0.29	0.0009	0.89
3.06	0.008	0.88	0.27	0.001	0.90
2.73	0.009	0.89	0.26	0.0011	0.90
2.24	0.011	0.91	0.24	0.0012	0.91
1.90	0.013	0.92	0.23	0.0013	0.92
1.65	0.015	0.93	0.22	0.0014	0.92
0.76	0.033	0.97	0.15	0.0024	0.95

表 2-4 试件 2 混凝土单轴本构关系及相应的损伤因子

抗压应力/MPa	抗压非弹性应变	抗压损伤因子	抗拉应力/MPa	抗拉非弹性应变	抗拉损伤因子
25.20	0	0.00	2.52	0	0.00
22.36	0.0005	0.24	1.93	0.00005	0.29
18.08	0.001	0.41	1.12	0.00015	0.58
12.07	0.002	0.61	0.69	0.0003	0.74
8.79	0.003	0.71	0.48	0.0005	0.82
6.84	0.004	0.77	0.42	0.0006	0.84
5.57	0.005	0.81	0.38	0.0007	0.86

续表

抗压应力/MPa	抗压非弹性应变	抗压损伤因子	抗拉应力/MPa	抗拉非弹性应变	抗拉损伤因子
4.70	0.006	0.84	0.34	0.0008	0.87
4.05	0.007	0.86	0.31	0.0009	0.89
3.56	0.008	0.88	0.29	0.001	0.90
3.17	0.009	0.89	0.27	0.0011	0.90
2.60	0.011	0.91	0.25	0.0012	0.91
2.21	0.013	0.92	0.24	0.0013	0.92
1.92	0.015	0.93	0.23	0.0014	0.92
0.87	0.033	0.97	0.16	0.0024	0.95

如表2-3和表2-4所列，随着非弹性应变的增加，抗拉和抗压损伤因子也随之增大，代表了混凝土材料从无损到有损直至完全破坏的过程。需要注意的是，抗压非弹性应变与抗拉非弹性应变不是材料实际经历的应变，而是由实际的抗压或者抗拉应变减去相对应的抗压或者抗拉弹性应变所得。此外，本章还对比了混凝土塑性损伤模型（ABAQUS软件自带模型）与建立混凝土本构模型在模拟核电站安全壳滞回反应的差异。

表2-5给出了混凝土塑性损伤建立有限元模型所需要输入的多轴参数，表中所给参数依次为混凝土的膨胀角、偏心率、双轴与单轴应力比、第二应力不变量比及混凝土黏性系数。混凝土的膨胀角通常小于等于摩擦角，膨胀角与摩擦角不相等为非关联流动法则，相等为关联流动法则，通常混凝土取32°～37°，本书选用36°。偏心率即确定流动势的偏度，其由双曲流动势曲线靠近其渐近线的比例确定，通常是一个较小的正数，本书取默认值0.1。双轴与单轴应力比定义了初始等效双轴抗压屈服应力与初始单轴抗压屈服应力之比，本书取默认值1.16。第二应力不变量比值定义了受拉子午线与受压子午线常应力之比，其取值范围为0.5～1.0，本书取默认值2/3。值得注意的是，混凝土黏性系数可以控制混凝土受拉软化及受压硬化的收敛性，本书研究中发现混凝土黏性系数取为0.0005时模型较容易收敛，因此暂定0.0005为混凝土黏性系数。

表2-5　混凝土考虑多轴应力状态下的输入参数

膨胀角	偏心率	双轴与单轴应力比	第二应力不变量比	黏性系数
36.16°	0.1	1.16	0.67	0.0005

图 2-6 给出了所建立的试验有限元模型。模型所划分的网格单元最大尺寸为 0.075m×0.15m。钢筋采用简化的双线性本构关系，其中第二刚度系数取 1/100。筒壁与加载板都采用分层壳单元，钢筋按照实际配筋率及钢筋直径转换成有效厚度进行输入。筒底采用完全嵌固的方式。此外，钢筋与混凝土在分析过程中假定完好黏结，没有滑移。

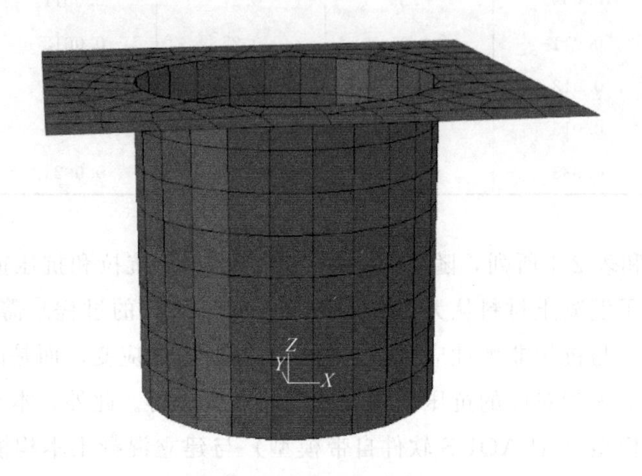

图 2-6 钢筋混凝土筒体剪力墙有限元模型

2.3.3 试验验证

图 2-7 给出了核电站安全壳缩尺试验与本书混凝土模型建立有限元模型所得基底剪力-顶点位移曲线结果的对比图。

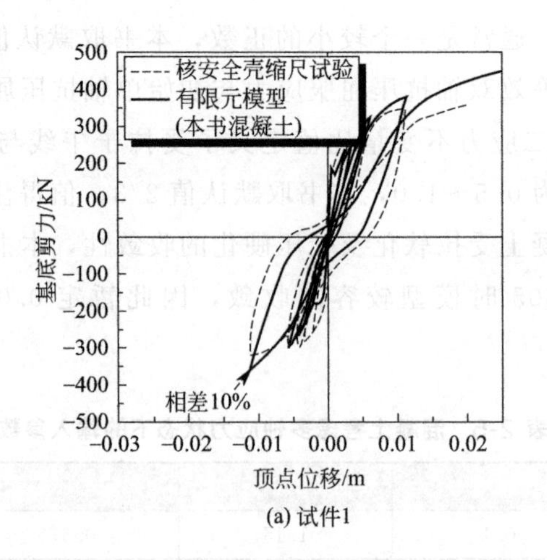

(a) 试件1

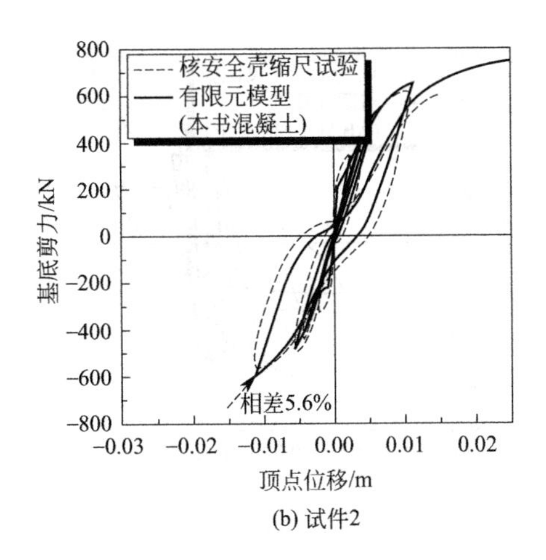

(b) 试件2

图 2-7　核电站安全壳缩尺试验与有限元模型（本书混凝土）所得结果的对比

从图 2-7 中可以看出有限元模型计算所得反应曲线与试验曲线在弹性段与塑性程度较小的阶段基本一致。当结构进入塑性程度较大的阶段时，最大差值分别为 10%（试件 1）和 5.6%（试件 2）。此外，所建立的混凝土二维本构模型可以较好地再现钢筋混凝土筒体的开裂、屈服、刚度退化及强度退化。

图 2-8 给出了核电站安全壳缩尺试验与塑性损伤混凝土模型建立有限元模型所得结果的对比图。

从图 2-8 中可以看出混凝土塑性损伤所建有限元模型在滞回过程中出现了明显的强度退化，不能很好地模拟剪力墙受剪时的捏缩效应，所得滞回曲线与试验

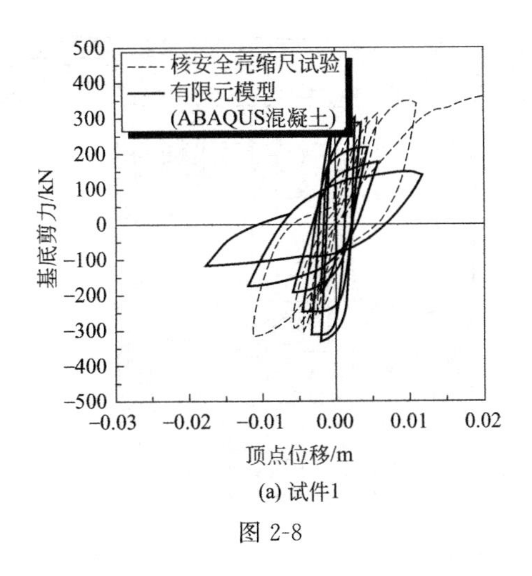

(a) 试件1

图 2-8

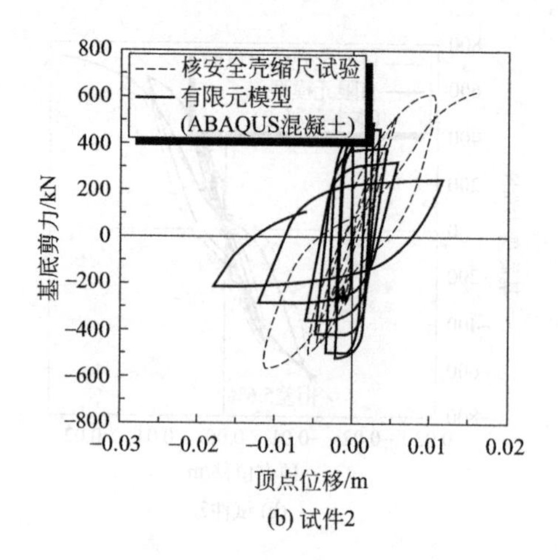

(b) 试件2

图 2-8　核电站安全壳缩尺试验与有限元模型（ABAQUS 混凝土）所得结果的对比

曲线有较大的差异，这可能是由于混凝土塑性损伤模型假定损伤状态遵循各向同性的法则，而混凝土开裂后实际呈现各向异性的特性，其对剪力墙结构的滞回反应影响非常显著。相比较而言，所开发的混凝土二维本构可以较好地再现钢筋混凝土筒体的开裂、屈服、刚度退化及强度退化，因此，所开发的混凝土二维本构可以进行后续核电站安全壳筒体在水平荷载下的响应研究。

2.3.4 模型网格划分的影响

本节研究网格划分对于模拟结果的影响。图 2-9 给出了所建有限元模型网格

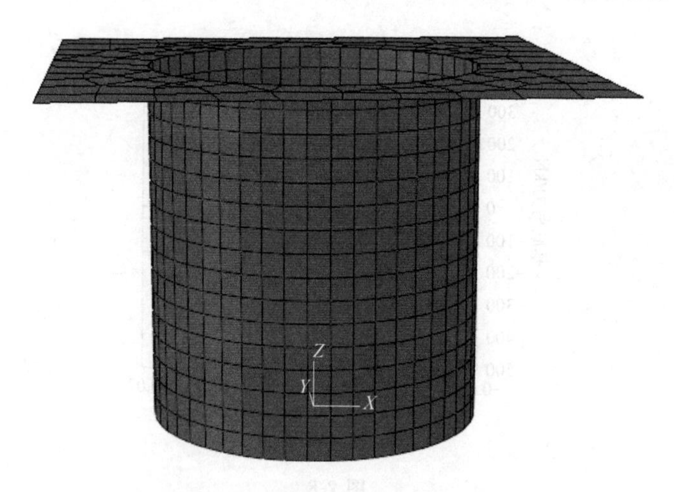

图 2-9　钢筋混凝土筒体剪力墙加密 1 倍网格有限元模型

加密 1 倍后的核电站安全壳有限元模型。模型所划分的网格单元最大尺寸为 0.0375m×0.075m。有限元模型所计算的结果见图 2-10。与未加密网格的有限元计算结果类似，有限元模型计算所得反应曲线与试验曲线能基本重合，有限元模型所得反应与试验的最大差值分别为 10%（试件 1）和 5.6%（试件 2）。因此所建立的混凝土二维本构模型对于网格划分程度的敏感性较小，此外其可以较好地再现钢筋混凝土筒体的开裂、屈服、刚度退化及强度退化。

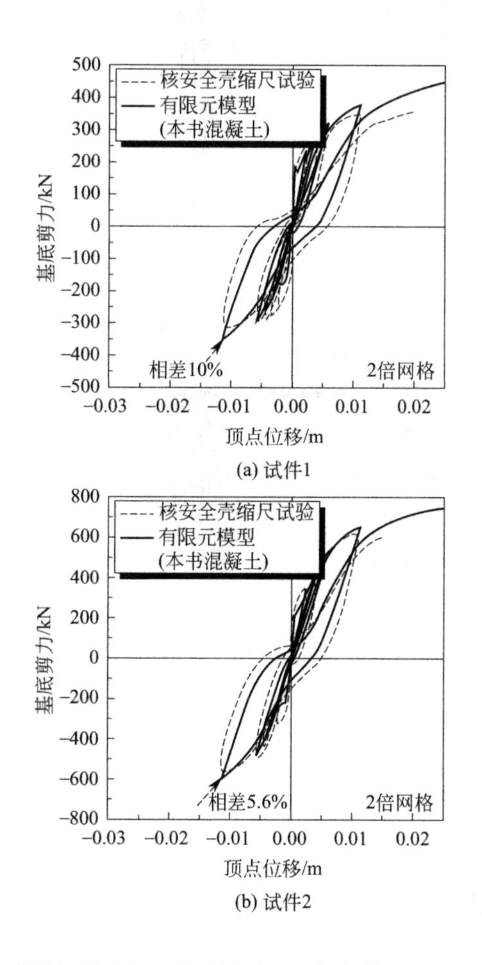

图 2-10 核电站安全壳缩尺试验与有限元模型（本书混凝土）2 倍网格所得结果的对比

图 2-11 给出了核电站安全壳缩尺试验采用混凝土塑性损伤模型建立有限元模型并划分 2 倍网格所得结果的对比图。值得注意的是，在水平荷载作用过程中，试件 1 和试件 2 都出现了不同程度的数值不收敛情况，因此加载路径并没有完成。更重要的是，试件 1 和试件 2 所得的滞回曲线与试验曲线有较大的

差异，其仍不能很好地再现钢筋混凝土筒体的开裂、屈服、刚度退化及强度退化。

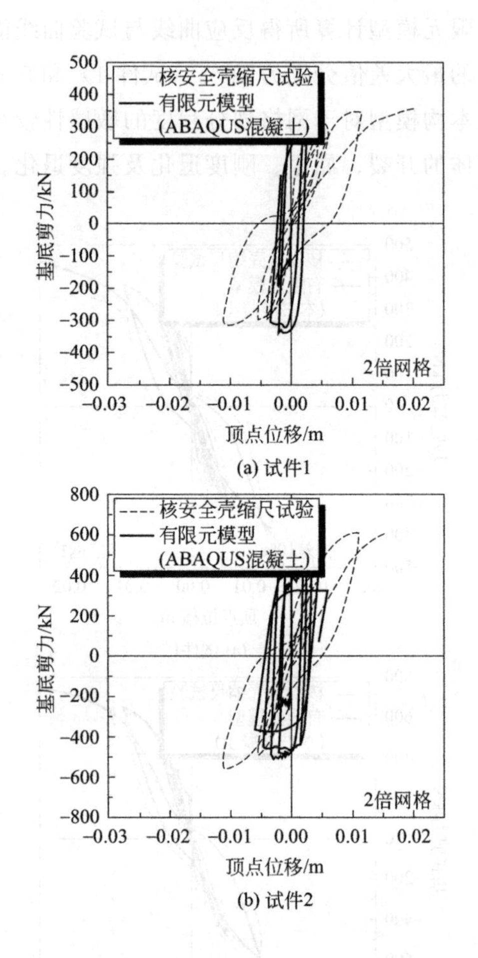

图 2-11　核电站安全壳缩尺试验与有限元模型（ABAQUS 混凝土）2 倍网格所得结果的对比

2.4　本章小结

本章首先介绍了核电站安全壳建模所采用的单元类型，并阐述了分层壳单元相较于实体单元应用于核电站安全壳的优势；其次，基于塑性损伤力学以及弥散裂缝模型中转动裂缝概念提出了一种简化的混凝土二维本构模型，在此基础上，对已有的缩尺核电站安全壳拟静力试验进行了数值模拟分析，并比较了采用 ABAQUS 混凝土塑性损伤模型与开发混凝土二维本构模型进行核电站安全壳数值模拟的可靠性。

① 采用平面壳单元并结合开发的基于塑性损伤力学和弥散裂缝模型的混凝土二维本构模型可以较好地模拟核电站安全壳在水平往复推覆作用下的滞回行为，数值模拟与试验结果相比，其荷载最大差值仅为10％。

② 所开发的混凝土二维本构模型对于单元网格划分密度的依赖程度较低，适用于不同数量网格的数值模拟分析，为本书后续进行大量的核电站安全壳的抗震性能分析及模型简化奠定了基础。

第3章 核电站安全壳双向地震反应分析

实际地震表明，地震发生时往往存在两个水平分量，且有大量学者认为进行结构地震响应分析时应考虑两个水平分量，这是因为单向水平地震作用低估了实际地震强度，并且忽略了双向水平地震作用路径耦合的影响。当前针对核电站安全壳的地震反应研究大多集中在单向水平地震作用下，部分考虑双向地震分量影响的核电站安全壳地震响应研究又未考虑超设计地震动的情况。

结构破坏指标是评估结构破坏程度的指标，该指标的选取好坏对于能否合理地预测及评估结构地震响应起到关键的作用。通常，对于核电站安全壳结构，往往选取位移或层间位移评估结构。但是，位移作为单一指标无论是在表征地震输入强度上，还是在结构或构件抗震能力方面，都不能很好地确定地震动特性对结构破坏的影响和强震作用下结构的真实反映，大量的非弹性循环产生的滞回耗能引起结构的累积破坏同样是结构破坏的重要因素之一。

基于以上原因，本章在核电站安全壳有限元模型与试验验证的基础上，进行核电站安全壳在双向地震作用下的反应研究并探讨适用于其的破坏指标。

3.1 核电站安全壳简介

安全壳即核反应堆安全壳，或称反应堆安全壳，是构成压水反应堆最外围的建筑，指包容了核蒸汽供应系统的大部分系统和设备的外壳建筑，用以容纳反应堆压力容器以及部分安全系统（包括一回路主系统和设备、停堆冷却系统），将其与外部环境完全隔离，期望能实现安全保护屏障的功能[10]。安全壳的作用主要包括保证在正常运行时或失水事故（Loss of Coolant Accident，LOCA）引发的温度和压力下释放到环境的放射性物质在允许限值范围内；安全壳能够承受多种自然与非自然灾害的作用，包括龙卷风、地震、海啸及恐怖袭击等。安全壳按材料可分成钢、钢筋混凝土及预应力混凝土三种[11]。20 世纪 50 年代后期，世界上第一批核电站投入商业运行的安全壳是球形及圆筒形钢安全壳，特点是尺寸较小。随着核电功率的增加，钢安全壳的尺寸逐渐增大。60 年代，圆筒形钢安全壳的内径已达到 30m，而到 70 年代则出现了球径达 60m 左右的钢球壳。钢安全壳的壁厚都不大，通常都控制在 38mm 以内。尽管钢安全壳造价较高，但由于其工艺比较成熟且施工质量易于保证，目前仍被大量采用。为了降低钢安全壳的造价，60 年代初美国首先采用了钢筋混凝土安全壳，其由圆筒壳、半球顶和薄碳钢衬里组成，其中圆筒壳内径超过 30m。钢筋混凝土安全壳的最大特点是壳体含有密集排列的粗钢筋，因而其表面易开裂。自 60 年代中期法国的 EL4 核电站最先采用了预应力混凝土安全壳后，预应力混凝土安全壳便得到了美国、加拿大等国的推动与发展。第一代预应力混凝土安全壳的特点是采用扁穹顶与圆筒壳相结合，筒壁环向预应力钢束锚固于六个扶壁，钢束极限承载力较低。第二代预应力混凝土安全壳与第一代在体型上极为相似，但筒壁扶壁减少到三个，单根钢束承载力增大 1 倍，因而筒壁的预压应力有所降低。第三代预应力混凝土安全壳采用半球顶与圆筒壳组合，省去了传统的环梁，改善了安全壳结构的受力性能，穹顶的预应力钢束也与筒壁的竖向钢束合二为一，因而比前两代更经济合理。

本章所分析安全壳为一非预应力钢筋混凝土安全壳，其包含基础底座、筒壁和穹顶。筒壁的内径为 37.796m，壁厚为 1.067m，高度为 43.830m，穹顶的内半径为 18.898m，壁厚为 0.762m，安全壳的总高度为 63.094m。混凝土与钢筋弹性模量分别为 3.30×10^4 MPa 和 2.0×10^5 MPa。混凝土抗压强度为 32.4MPa，钢筋屈服强度为 400MPa。

安全壳整体结构及钢筋布置示意见图 3-1。如图 3-1 所示，钢筋在筒壁对称

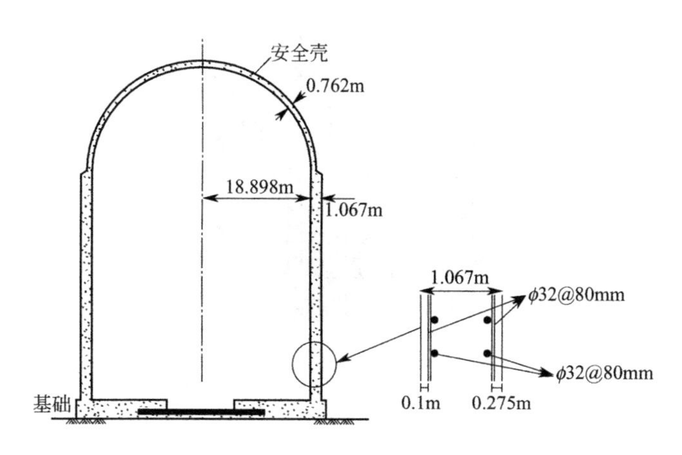

图 3-1　核电站安全壳截面及钢筋信息

两侧以正交方式形成钢筋网，筒壁外侧至外侧钢筋中心的距离为 0.1m，筒壁外侧至内侧钢筋中心的距离为 0.275m。

3.2 核电站安全壳有限元模型

核电站安全壳有限元模型采用 ABAQUS 6.10[1] 版本建立，以下详细叙述建立模型所需要的单元和材料信息。

3.2.1 单元类型

核电站安全壳基础采用实体单元，单元类型为 C3D8R。由于核电站安全壳筒壁厚度为 1.067m，内径为 18.898m，筒壁厚度小于内径的 1/10，因此核电站安全壳筒壁采用分层壳单元，单元类型为 S4R。核电站安全壳穹顶也采用分层壳单元建模，单元类型为 S4R。需特别指出的是，ABAQUS 提供多种钢筋建模方法：定义钢筋面并将其嵌入实体单元；定义杆单元并将其嵌入实体单元；直接在壳单元中定义钢筋分布。核电站安全壳基础钢筋采用第一种方法建立，筒壁及穹顶钢筋采用第三种方法建立。

所建核电站安全壳模型见图 3-2。

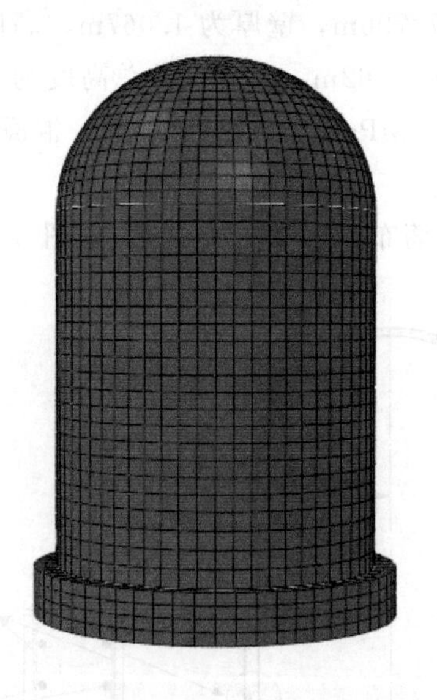

图 3-2 核电站安全壳三维有限元模型

3.2.2 材料模型

核电站安全壳包含两种材料模型，即钢筋材料和混凝土材料。本章建立核电站安全壳有限元模型采用第 2 章所述混凝土二维本构模型，表 3-1 给出了混凝土的抗压与抗拉弹塑性本构关系及相应的损伤因子。钢筋材料采用带硬化段的双线性模型，其中第二阶段刚度取弹性阶段刚度的 1/100。钢筋本构模型如图 3-3 所示。需要注意的是，在有限元模型后续地震响应分析中，钢筋与混凝土假定完全固结，没有滑移。

表 3-1 混凝土单轴本构关系及相应的损伤因子

抗压应力/MPa	抗压非弹性应变	抗压损伤因子	抗拉应力/MPa	抗拉非弹性应变	抗拉损伤因子
22.68	0.00000	0.00	2.67	0.00000	0.00
32.40	0.00074	0.19	2.64	0.00003	0.01
18.52	0.00282	0.61	1.26	0.00018	0.52
10.80	0.00472	0.73	0.79	0.00031	0.70
7.41	0.00650	0.80	0.58	0.00042	0.78
5.59	0.00823	0.86	0.47	0.00054	0.86
4.47	0.00994	0.90	0.40	0.00065	0.91
3.72	0.01165	0.91	0.35	0.00076	0.94
3.18	0.01334	0.92	0.31	0.00087	0.96
2.78	0.01503	0.93	0.28	0.00098	0.97
0.72	0.03300	0.97	0.09	0.00240	0.99

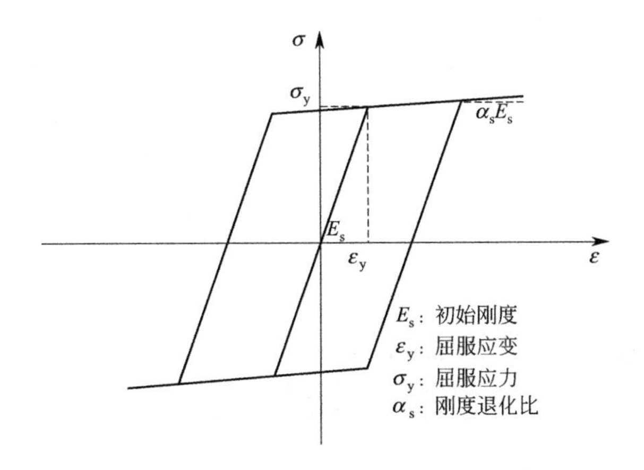

图 3-3 钢筋本构关系

3.2.3 核电站安全壳网格划分敏感性

合理的网格划分对准确获得核电站安全壳模型在静力及地震荷载作用下的响应结果至关重要。当前，不少研究者如 Manjuprasad[12] 和 Nakamura[13] 进行核电站安全壳地震响应分析时都采用了较为粗糙的网格划分，其中 Manjuprasad 和 Nakamura 进行有限元模型网格划分分别采用了最大网格尺寸为 10.99m×11.5m 和 5.495m×3.83m 的网格，分别如图 3-4 (a)、(b) 所示。尽管有限元模型采用较为粗糙的网格划分可以获得非常高的计算效率，但是并不一定能获得足够的计算精度，而不同的网格划分精度对核电站安全壳地震响应的影响又很少研究。基于此，本节选取了两种较为精细的网格尺寸进行了核电站安全壳在均匀分布荷载作用下的计算，并比较了不同网格尺寸对计算结果的影响。所选取两种网格尺寸分别为 1.95m×2m（最大）和 0.8m×0.85m（最大）。两种不同的网格

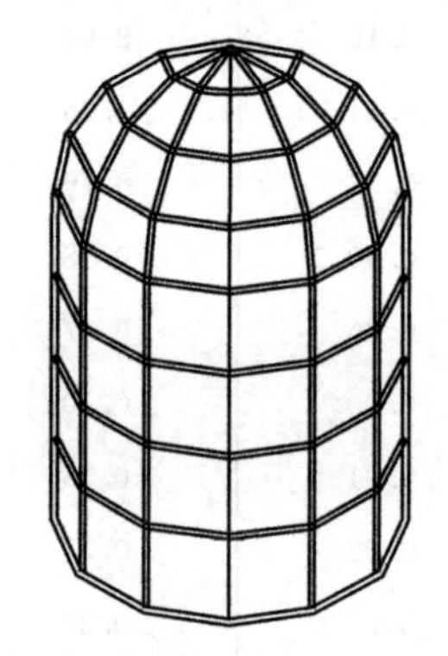

(a) Manjuprasad所建有限元模型
(最大网格尺寸10.99m×11.5m)[12]

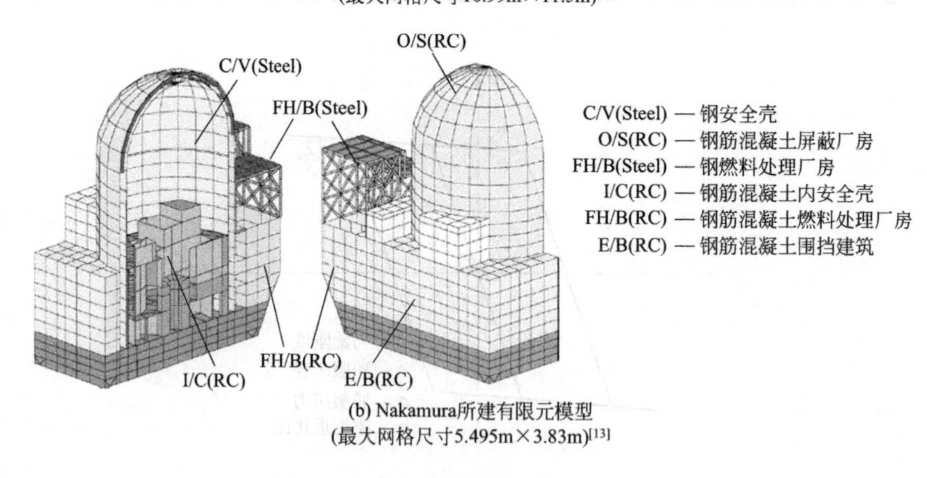

(b) Nakamura所建有限元模型
(最大网格尺寸5.495m×3.83m)[13]

图 3-4 核电站安全壳三维有限元模型

尺寸见图3-5。网格尺寸对核电站安全壳在均匀分布荷载作用下分析结果的影响如图3-6所示。由图可知，所选取网格尺寸对于核电站安全壳在水平荷载作用下的反应并不敏感，而不同网格尺寸对于运算效率的影响又非常显著，因此本书拟采用较大网格尺寸的有限元模型进行后续分析。

(a) 有限元模型(网格尺寸1.95m×2m)

(b) 有限元模型(网格尺寸0.8m×0.85m)

图3-5　核电站安全壳三维有限元模型

(a) 均布加载模式

图3-6

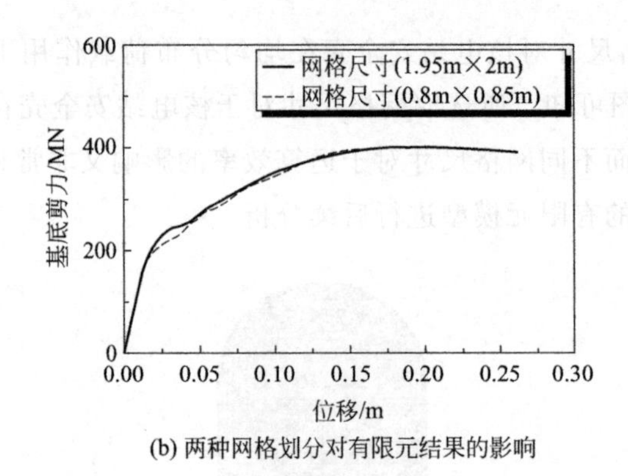

(b) 两种网格划分对有限元结果的影响

图 3-6 网格尺寸对有限元结果的影响

3.3 核电站安全壳动力特性分析

图 3-7 给出了核电站安全壳前 20 阶模态分析结果。

(a) 第 1 阶（周期=0.2s）

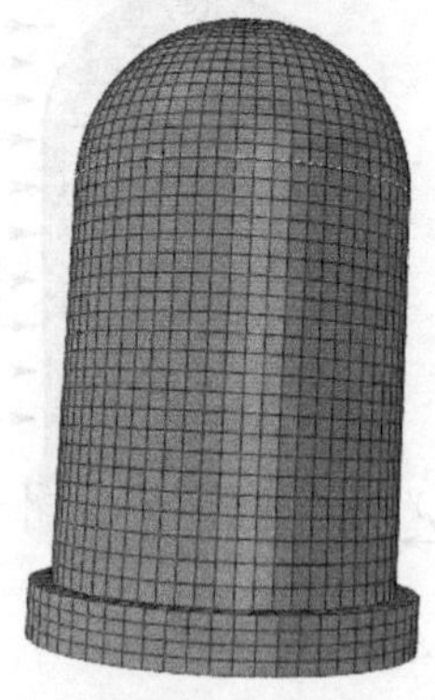
(b) 第 2 阶（周期=0.2s）

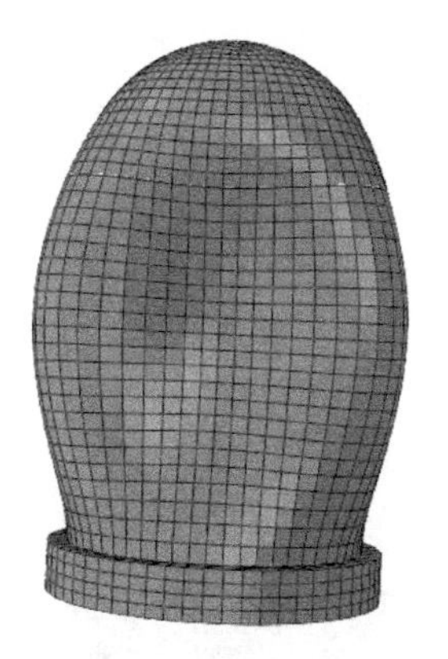

(c) 第 3 阶 (周期=0.148s)

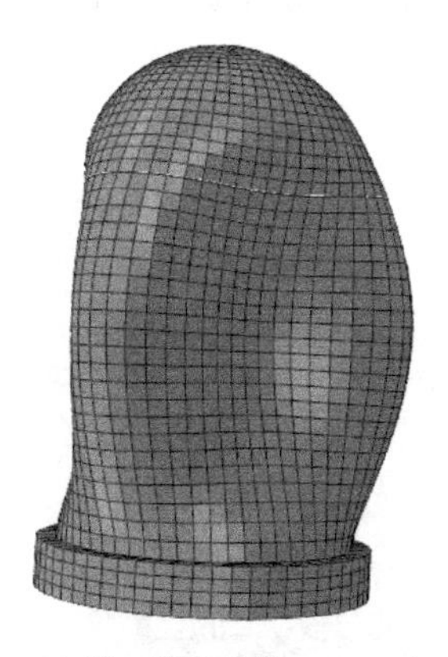

(d) 第 4 阶 (周期=0.149s)

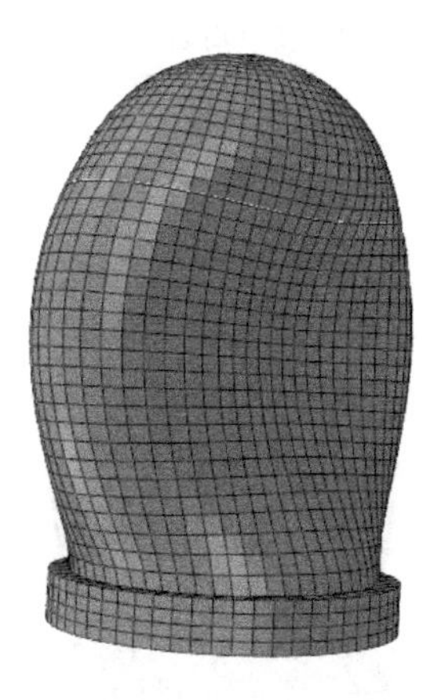

(e) 第 5 阶 (周期=0.131s)

图 3-7

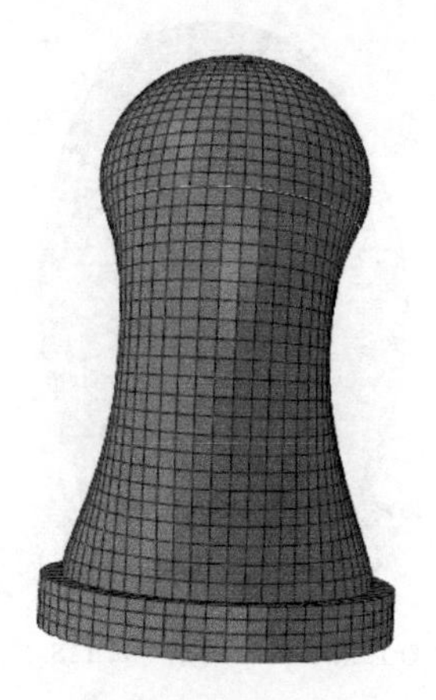

(f) 第 6 阶（周期=0.131s)

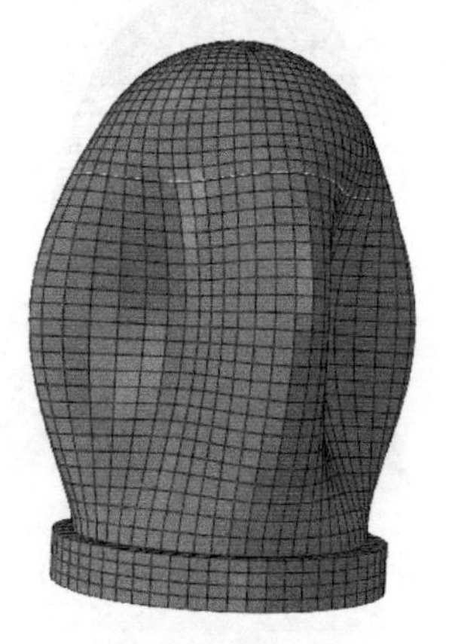

(g) 第 7 阶（周期=0.113s)

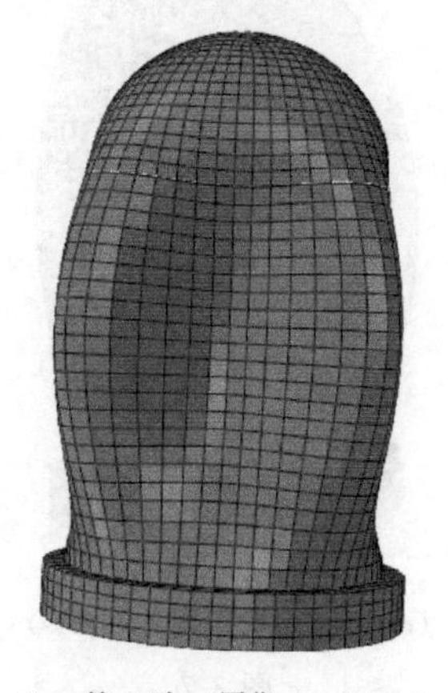

(h) 第 8 阶（周期=0.113s)

(i) 第 9 阶（周期＝0.095s）

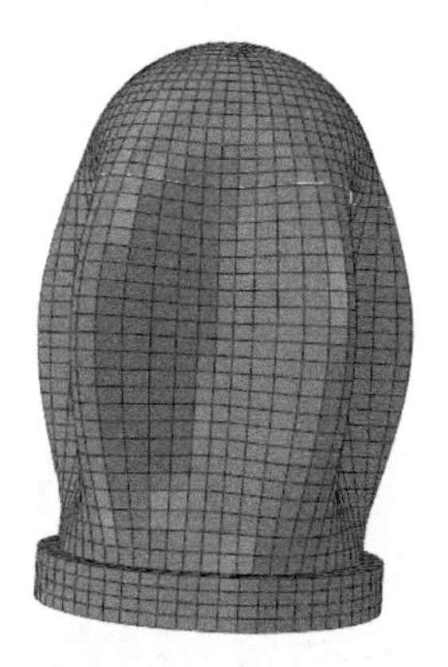

(j) 第 10 阶（周期＝0.076s）

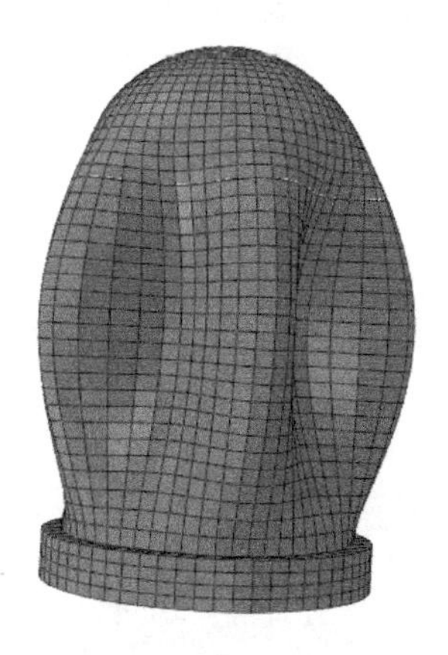

(k) 第 11 阶（周期＝0.076s）

图 3-7

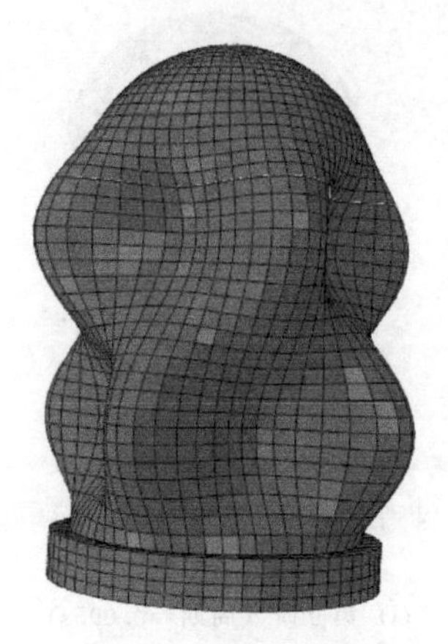

(l) 第 12 阶 (周期=0.074s)

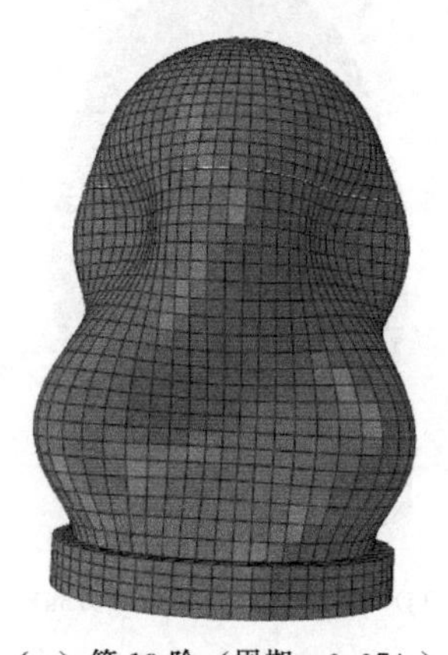

(m) 第 13 阶 (周期=0.074s)

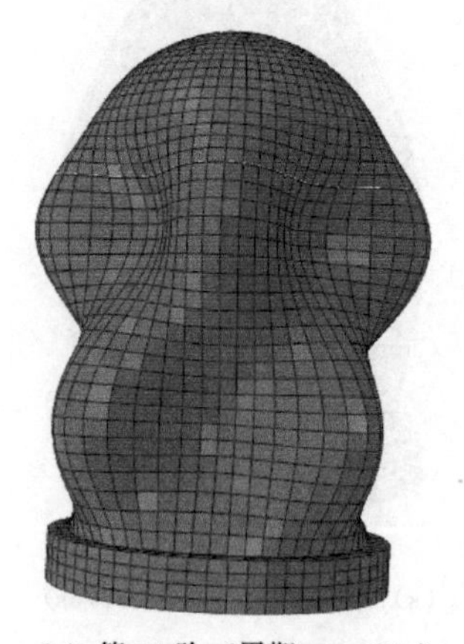

(n) 第 14 阶 (周期=0.074s)

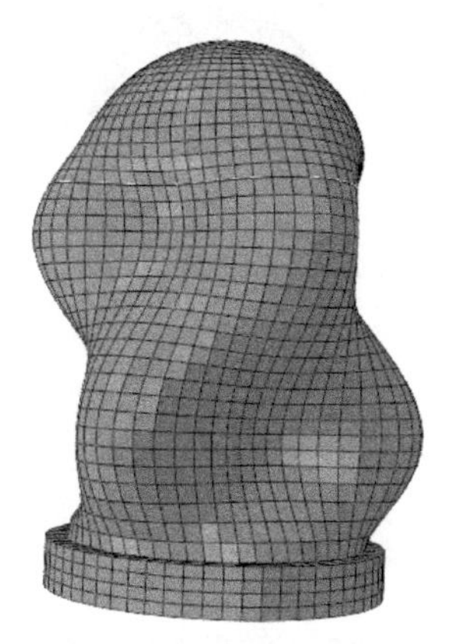

（o）第 15 阶（周期＝0.074s）

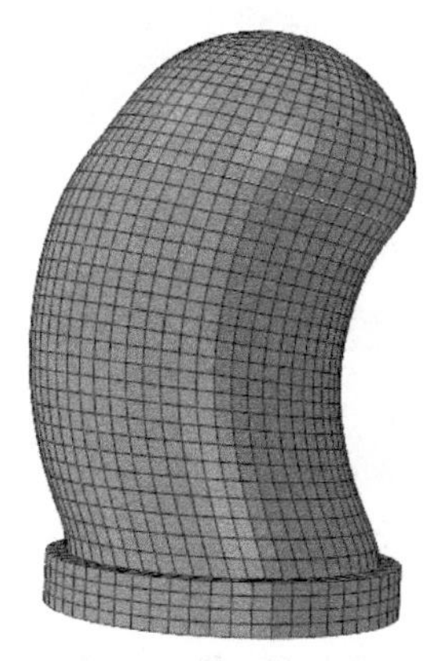

（p）第 16 阶（周期＝0.070s）

（q）第 17 阶（周期＝0.069s）

图 3-7

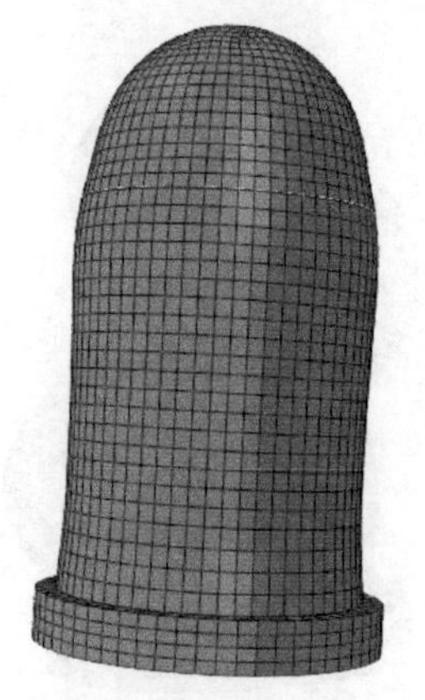

(r) 第 18 阶 (周期＝0.067s)

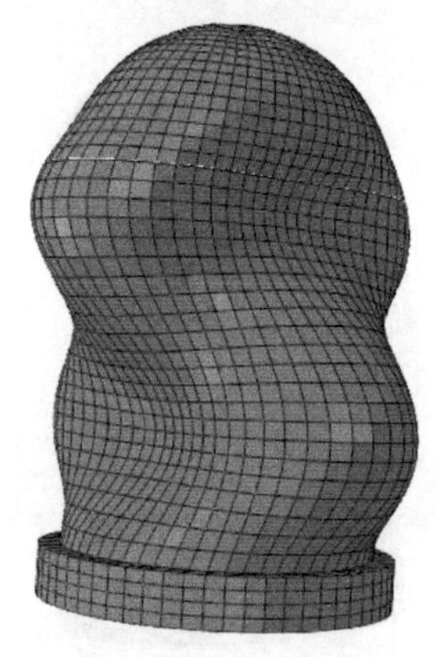

(s) 第 19 阶 (周期＝0.061s)

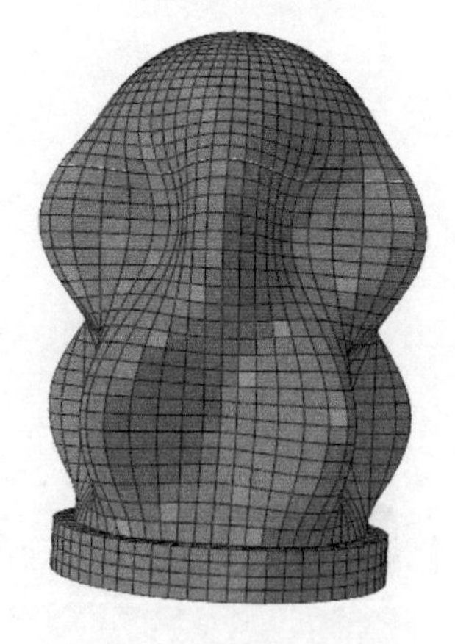

(t) 第 20 阶 (周期＝0.061s)

图 3-7 模态分析结果

从图 3-7 中可以看出，第 1 阶模态与第 2 阶模态均为平动模态，且其周期均为 0.2s，同时证实了核电站安全壳是轴对称结构。第 3 阶～第 8 阶模态形状均以局部振动为主，表明地震作用中第 3 阶～第 8 阶模态对结构整体受力并不起控制作用。第 9 阶模态形状以扭转为主，其周期为 0.095s，因此如果地震动扭转分量在周期为 0.095s 处较大，将有可能对结构破坏产生重要影响。第 10 阶～第 15 阶模态形状均以局部振动为主，表明第 10 阶～第 15 阶模态并不是控制模态。第 16 阶模态和第 17 阶模态分别为两个水平方向的第二阶振动模态，其周期分别为 0.07s 和 0.069s。第 18 阶模态是竖向振动模态，其周期为 0.067s。第 19 阶模态和第 20 阶模态为局部振动模态。

表 3-2 给出了前 20 阶模态的质量参与系数，其中第 1 阶模态和第 2 阶模态的质量参与系数都达到 0.75，表明在地震作用下第 1 阶模态和第 2 阶模态将起主要控制作用，第 16 阶和第 17 阶模态的质量参与系数都为 0.2，表明第 16 阶和第 17 阶模态也会对结构地震响应有一定贡献。

表 3-2 质量参与系数

阶数	X 分量	Y 分量	Z 分量	绕 X 分量	绕 Y 分量	绕 Z 分量
1	0.75	0.00	0.00	0.00	0.99	0.00
2	0.00	0.75	0.00	0.99	0.00	0.00
3	0.00	0.00	0.00	0.00	0.00	0.00
4	0.00	0.00	0.00	0.00	0.00	0.00
5	0.00	0.00	0.00	0.00	0.00	0.00
6	0.00	0.00	0.00	0.00	0.00	0.00
7	0.00	0.00	0.00	0.00	0.00	0.00
8	0.00	0.00	0.00	0.00	0.00	0.00
9	0.00	0.00	0.00	0.00	0.00	1.00
10	0.00	0.00	0.00	0.00	0.00	0.00
11	0.00	0.00	0.00	0.00	0.00	0.00
12	0.00	0.00	0.00	0.00	0.00	0.00
13	0.00	0.00	0.00	0.00	0.00	0.00
14	0.00	0.00	0.00	0.00	0.00	0.00
15	0.00	0.00	0.00	0.00	0.00	0.00
16	0.20	0.00	0.00	0.00	0.00	0.00
17	0.00	0.20	0.00	0.00	0.00	0.00
18	0.00	0.00	0.91	0.00	0.00	0.00

续表

阶数	X分量	Y分量	Z分量	绕X分量	绕Y分量	绕Z分量
19	0.00	0.00	0.00	0.00	0.00	0.00
20	0.00	0.00	0.00	0.00	0.00	0.00
总和	0.95	0.95	0.91	0.99	0.99	1.00

3.4 核电站场地地震危险性

3.4.1 理论基础

概率地震危险性分析（Probabilistic Seismic Hazard Assessment，PSHA）的主要目的是基于历史地震数据资料，给出未来某时间内某场地发生不同强度水平地震动的年平均超越概率或未来一定时间内某场地发生超越某强度水平地震动的概率。在概率地震危险性分析中，分析地震危险性时需要在每一步骤中考虑各种可能存在的影响因子的不确定性，最终分析的主要结果是将地震动强度与其超越概率联系起来，形成一条将地震动强度与其超越概率联系起来的地震危险性曲线。

计算某地震动强度 Y 的年平均超越概率的公式如下[14]：

$$\lambda_{Y>y}=\sum_{i=1}^{N}(\lambda_{Y>y})_i=\sum_{i=1}^{N}\nu_i\left\{\iiint I\left[Y>y\,|\,m,r,\varepsilon\right]f_{M,R,\varepsilon}(m,r,\varepsilon)\mathrm{d}m\,\mathrm{d}r\,\mathrm{d}\varepsilon\right\}_i \tag{3-1}$$

式中 y——预先指定的某地震动强度水平；

N——地震源的总个数；

i——第 i 个地震源；

ν_i——矩震级不低于某一下限的第 i 个地震源的年平均发生率；

$I[Y>y|m,r,\varepsilon]$——目标函数，在矩震级为 M，断层距为 R，高于平均预测值 ε 个标准差的地震动强度的条件下，当 $\ln Y$ 大于 $\ln y$ 时，I 等于 1，否则，I 等于 0；

$f_{M,R,\varepsilon}(m,\ r,\ \varepsilon)$ ——是关于矩震级为 M，断层距为 R 和标准差数为 ε 的联合概率密度函数。

尽管式（3-1）全面地涵盖了 PSHA 中需要考虑的各种因素，但在实际应用时，通常忽略其不重要因素，并采用以下公式进行简化计算：

$$\lambda_{Y>y}=\sum_{i=1}^{N_S}\sum_{j=1}^{N_M}\sum_{k=1}^{N_R}v_iP[Y>y\mid m_j,r_k]P[m=m_j]P[R=r_k] \quad (3\text{-}2)$$

式中 N_S——震源的目标个数；

N_M——震级的目标个数；

N_R——断层距的目标个数。

$P[m=m_j]$——第 j 个矩震级的发生概率；

$P[R=r_k]$——第 k 个断层距的发生概率；

$P[Y>y|m_j,r_k]$——在矩震级为 m_j，断层距为 r_k，地震动强度 Y 大于 y 的发生概率，通常假设地震动强度服从对数正态分布，其均值和方差通常由地震动衰减关系得到。

3.4.2 核电站场地地震危险性分析结果

根据某核电公司所提供资料可知，该核电厂场地存在 15 个具有统计意义的地震源，其中震级大于 6.0 的震源仅有 1 个、震级分布在 5.0～6.0 的有 5 个、震级分布在 4.0～6.0 的有 9 个。与以上统计震源相对应的平均断层距分别为 17.5km、40km 和 99km。假设地震动强度 Y 服从对数正态分布，Y 的概率分布密度函数（Probability Density Function，PDF）为：

$$P_i(\ln Y)=\frac{1}{\sigma_i\sqrt{2\pi}}e^{-[\ln Y-g(m_i,D_i)]^2/2\sigma_i} \quad (3\text{-}3)$$

式中 $g(m_i, D_i)$——第 i 个地震源的地震动强度 Y 的标准值；

σ_i——第 i 个地震源的地震动强度 Y 的标准差。

该地震动强度 Y 超越某限值 y 的概率（Complementary Cumulative Distribution Function，CCDF）为：

$$P_i(\ln Y>\ln y)=\frac{1}{\sigma_i\sqrt{2\pi}}\int_{\ln y}^{\infty}e^{-[\ln Y-g(m_i,D_i)]^2/2\sigma_i}d\ln y \quad (3\text{-}4)$$

如果第 i 个地震源的年平均发生率为 ν_i，那么地震源产生的地震动强度 $Y>y$ 的年平均发生率为：

$$R_i(\ln Y>\ln y)=\nu_iP_i(\ln Y>\ln y) \quad (3\text{-}5)$$

基于 15 个地震源的地震危险性数据，可以得到该场地发生地震动强度 Y 的总年平均概率为：

$$R(\ln Y>\ln y)=\sum_{i=1}^{N}R_i(\ln Y>\ln y)=\sum_{i=1}^{N}\nu_iP_i(\ln Y>\ln y) \quad (3\text{-}6)$$

假定地震的发生服从泊松分布，由该年平均超越概率可得在未来 T 年内，

该场地发生超越 y 水平地震动强度的概率为：

$$P(\ln Y > \ln y, T) = 1 - e^{-RT} \tag{3-7}$$

由地震动强度 Y 及式（3-6）所得的关于其年平均超越概率 R 之间的关系曲线，或者由式（3-7）所得的地震动强度 Y 与未来 T 时间内发生超越强度 y 的概率曲线，就是地震危险性曲线，如图 3-8 所示。图 3-8 中每一条线对应不同周期下地震动强度的超越概率，随着周期的不断增大，地震危险性曲线不断向左偏移，意味着对应于某一周期的谱加速度（S_a）不断减小，这与一般设计谱的规律是一致的。

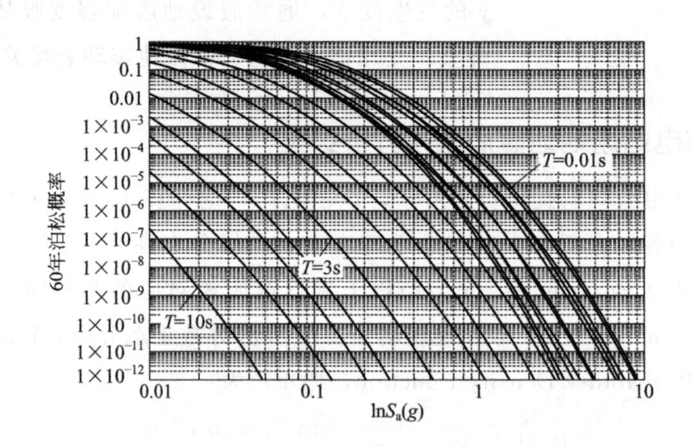

图 3-8 60 年内某地发生各种地震动强度的超越概率

如果用对应于某纵坐标的直线去截断地震危险性曲线，将得到一条谱加速度曲线，该曲线上所有数据对应的概率是相等的，该曲线就是所谓的一致危险性谱（Uniform Hazard Spectrum），如图 3-9 所示。值得注意的是，该曲线也定义为核电站场地的安全停堆反应谱（Safe Shutdown Earthquake，SSE）。

进一步将 PSHA 结果分解可获得控制震源的相关信息，如图 3-10 所示，其中不同棱柱体高度代表了不同震源对场地地震危险性的贡献程度。从图 3-10 可看出，该核电站场地控制震源为一震级为 6.0、断层距为 17.5 km 的地震。由以上控制震源的相关信息可以进一步获得条件均值谱。由于该核电站场地危险性主要由单一震源控制，应用条件均值谱并不比应用一致危险性谱更容易挑选地震动记录，因此，本书在挑选地震动记录时仍采用一致危险性谱。

3.4.3 地震动挑选结果

根据上述一致危险性谱，从太平洋地震工程中心（Pacific Earthquake Engi-

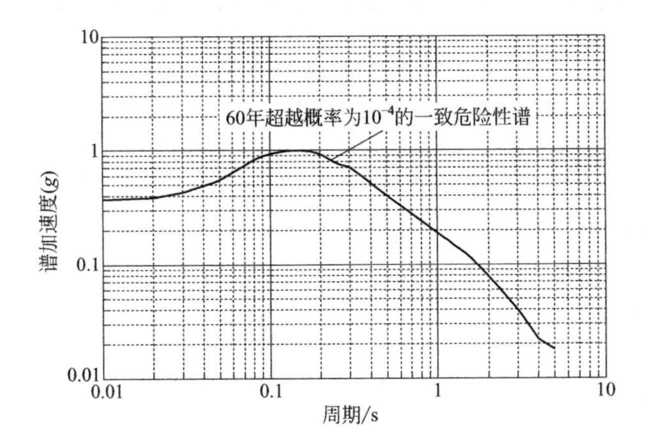

图 3-9 核电站场地经过 PSHA 得到的 60 年超越概率为 10^{-4} 的一致危险性谱

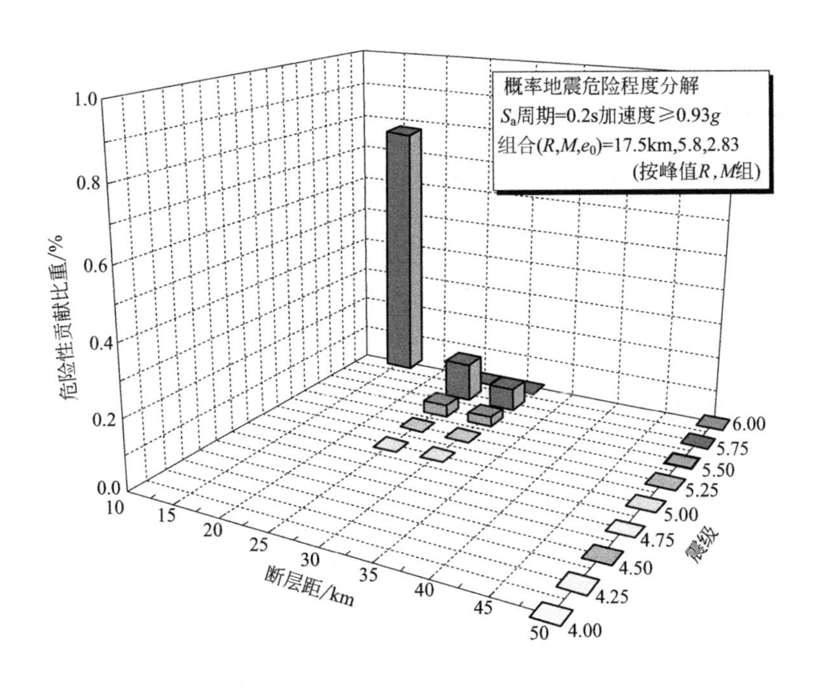

图 3-10 PSHA 分解结果

neering Research Center，PEER）选出了 12 对满足震级范围在 5.0～8.0、断层距在 0.0～100.0km 以及场地剪切波速在 600～2000km 的地震动时程。表 3-3 给出了选出的地震动信息。值得注意的是，为了保持原有地震动特性，每一对地震时程允许进行微小调幅以减小目标谱值与地震动谱值的误差平方和。

表 3-3 挑选地震动记录相关信息

序号	地震名	年份	台站	震级(M_s)	断层距/(m/s)	剪切波速/(m/s)	分量
1	San Fernando	1971	Lake Hughes #12	6.61	19.3	602.1	21°
2	San Fernando	1971	Lake Hughes #12	6.61	19.3	602.1	291°
3	Loma Prieta	1989	Gilroy-Gavilan Coll.	6.93	9.96	729.65	67°
4	Loma Prieta	1989	Gilroy-Gavilan Coll.	6.93	9.96	729.65	337°
5	Loma Prieta	1989	San Jose-Santa Teresa Hills	6.93	14.69	671.77	225°
6	Loma Prieta	1989	San Jose-Santa Teresa Hills	6.93	14.69	671.77	315°
7	Loma Prieta	1989	UCSC	6.93	18.51	713.59	0°
8	Loma Prieta	1989	UCSC	6.93	18.51	713.59	90°
9	Northridge-01	1994	LA 00	6.69	19.07	706.22	180°
10	Northridge-01	1994	LA 00	6.69	19.07	706.22	270°
11	Northridge-01	1994	Santa Susana Ground	6.69	16.74	715.12	0°
12	Northridge-01	1994	Santa Susana Ground	6.69	16.74	715.12	90°
13	Kobe Japan	1995	Nishi-Akashi	6.9	7.08	609	0°
14	Kobe Japan	1995	Nishi-Akashi	6.9	7.08	609	90°
15	Chi-Chi Taiwan-03	1999	TCU071	6.2	16.46	624.85	N
16	Chi-Chi Taiwan-03	1999	TCU071	6.2	16.46	624.85	E
17	Tottori Japan	2000	OKYH14	6.61	26.51	709.86	NS
18	Tottori Japan	2000	OKYH14	6.61	26.51	709.86	EW

续表

序号	地震名	年份	台站	震级(M_s)	断层距/(m/s)	剪切波速/(m/s)	分量
19	Niigata Japan	2004	NIG023	6.63	25.82	654.76	EW
20	Niigata Japan	2004	NIG023	6.63	25.82	654.76	NS
21	L'Aquila Italy	2009	L'Aquila-V. Aterno-Colle Grilli	6.3	6.81	685	E
22	L'Aquila Italy	2009	L'Aquila-V. Aterno-Colle Grilli	6.3	6.81	685	N
23	Chuetsu-oki Japan	2007	Joetsu Uragawaraku Kamabucchi	6.8	22.74	655.45	NS
24	Chuetsu-oki Japan	2007	Joetsu Uragawaraku Kamabucchi	6.8	22.74	655.45	EW

注：N—正北方向；E—正东方向；NS—南北方向；EW—东西方向。

图 3-11 给出了地震动记录加速度反应谱与目标谱的对比，其中每条线代表不同的地震动加速度记录生成的反应谱。从图中可以看出，所选取的地震动记录在整个周期范围内都能保持与目标反应谱的趋势一致性，因此所选取的地震动记录能够很好地再现该核电站场地的地震危险性，该地震动记录可以用于进行核电站结构的地震反应分析及易损性分析。

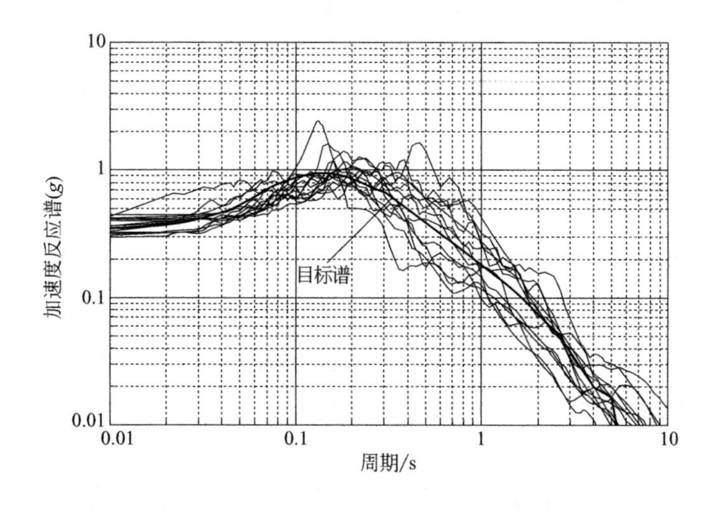

图 3-11 地震动记录加速度反应谱与目标谱对比

3.5 核电站安全壳的双向地震反应研究

3.5.1 核电站安全壳双向地震反应所选地震动

确定核电站安全壳的破坏指标需要使用能够反映核电站场地地震危险性的地震动。根据我国《核电厂抗震设计标准》(GB 50267—2019)[15]，进行结构地震响应研究应至少选取三条地震动。根据上节建立的核电站场地的安全停堆反应谱，本书重点选出与安全停堆反应谱匹配最好的三对地震动进行后续双向地震反应研究，这三对地震动分别是 Northridge 地震动、San Fernando 地震动和 Loma Prieta 地震动。所选三对地震动见表 3-4 所示。

表 3-4 挑选地震动记录相关信息

序号	地震名	年份	台站	震级 (M_s)	断层距 /(m/s)	剪切波速 /(m/s)	分量
1	Northridge-01	1994	Santa Susana Ground	6.69	16.74	715.12	0°
2	Northridge-01	1994	Santa Susana Ground	6.69	16.74	715.12	90°
3	San Fernando	1971	Lake Hughes ＃12	6.61	19.3	602.1	21°
4	San Fernando	1971	Lake Hughes＃12	6.61	19.3	602.1	291°
5	Loma Prieta	1989	San Jose-Santa Teresa Hills	6.93	14.69	671.77	225°
6	Loma Prieta	1989	San Jose-Santa Teresa Hills	6.93	14.69	671.77	315°

3.5.2 核电站安全壳双向地震反应结果

到目前为止，评估核电站安全壳的地震反应都采用位移指标。但是位移指标也有缺陷，如其在描述低幅值长持时地震动对结构造成的影响时并不能很好地描述结构损伤的规律或者只能从整体的角度反映结构损伤状态。基于以上分析，本章从多种角度分析了核电站安全壳结构破坏指标。

3.5.2.1 位移响应

图 3-12 给出了三条地震动在安全停堆地震(Safe Shutdown Earthquake, SSE，峰值加速度为 0.38g)作用下双向地震作用与单向地震作用顶点位移反应的对比，其中虚线为两个单向加载的包络线，表示结构在两个单向地震作用下位移的最大值。

从图 3-12 中可知，对于三种不同地震状况，单向加载包络线基本能覆盖双向地震作用顶点运动轨迹。观察结构损伤云图可以发现，结构基本处于弹性状态，这表明在地震强度不大的情况下，双向地震耦合并不会导致结构产生更大的变形，其与单向地震作用在同方向上最大位移基本一致。

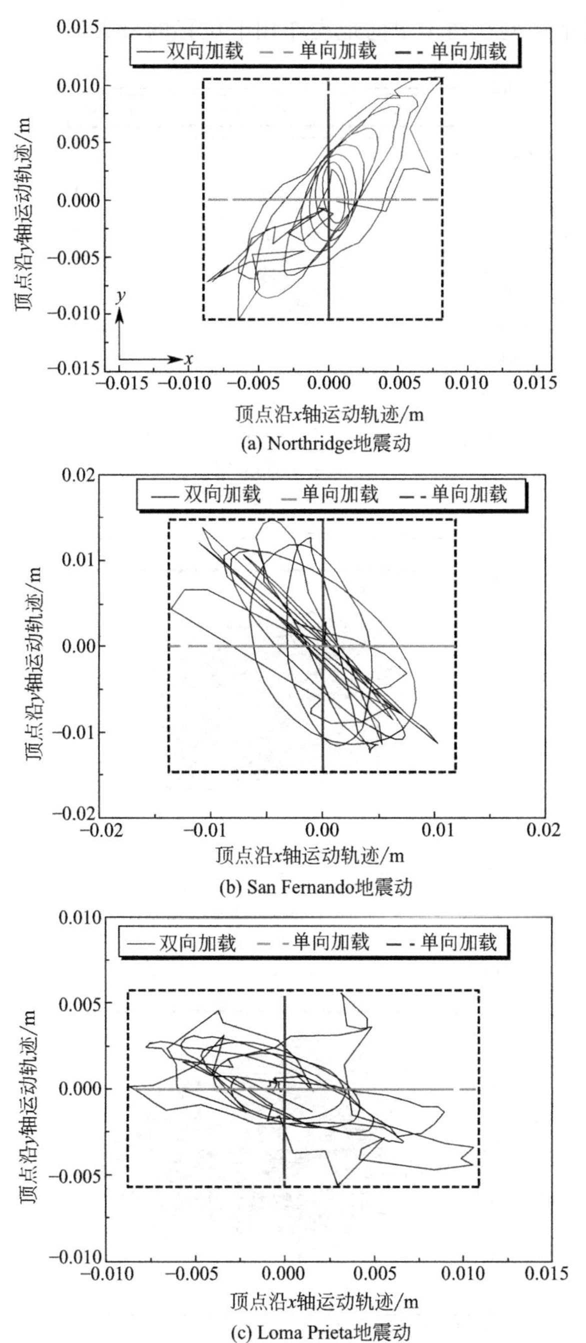

(a) Northridge地震动

(b) San Fernando地震动

(c) Loma Prieta地震动

图 3-12 SSE 地震作用下双向地震作用与单向地震作用顶点位移反应对比

图 3-13 给出了三条地震动在 2 倍 SSE（峰值加速度为 0.76g）地震作用下

双向地震作用与单向地震作用顶点位移反应的对比，其中虚线同样为两个单向加载的包络线，表示结构在两个单向地震作用下位移的最大值。

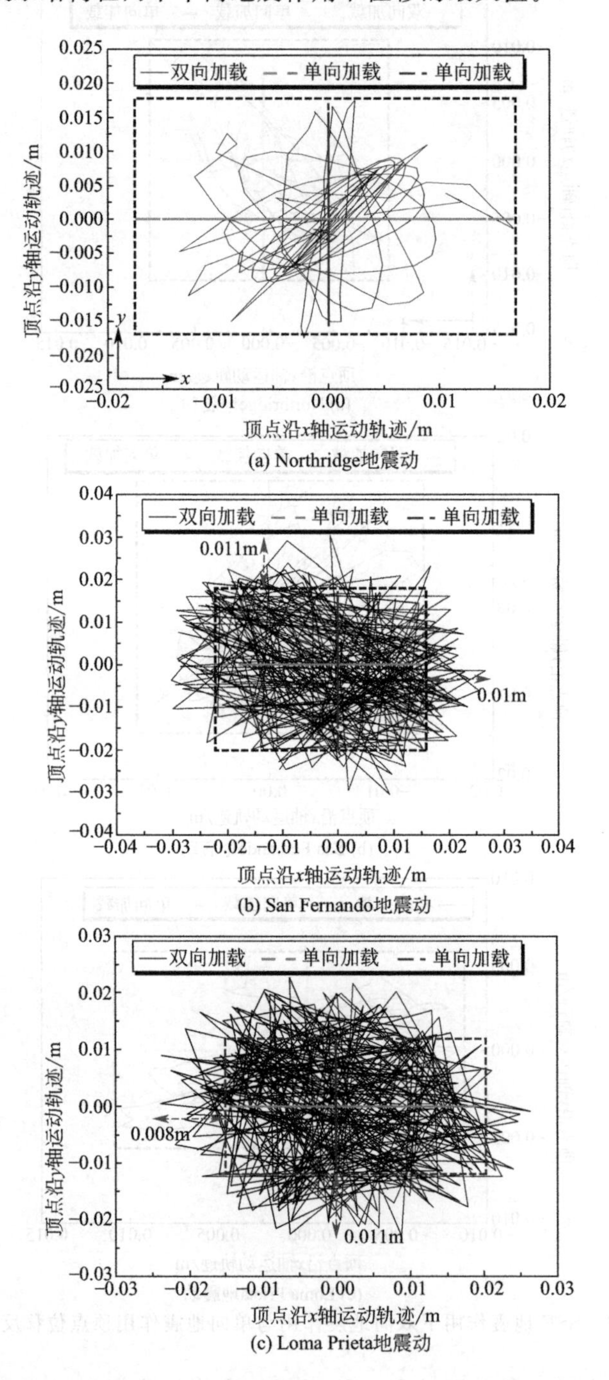

图 3-13　2 倍 SSE 地震作用下双向地震作用与单向地震作用顶点位移反应对比

从图 3-13 中可见，对于 San Fernando 地震，双向地震作用下顶点位移比单向地震作用下位移大 0.01m（x 向）和 0.011m（y 向），增大幅度分别达到了 62.5%和 61.1%。对于 Loma Prieta 地震，双向地震作用下顶点位移比单向地震作用下位移大 0.011m（x 向）和 0.008m（y 向），增大幅度分别达到了 60.0%和 71.7%。进一步分析可知，双向地震作用下平均顶点位移比单向地震作用下平均位移大 0.007m（x 向）和 0.006m（y 向），而增大幅度分别达到 39.6%和 47.1%。上述表明单向加载包络线已不能完全覆盖双向地震作用顶点运动轨迹，这是由于当地震强度能引发结构进入塑性变形时，双向地震耦合会导致结构产生更大的变形，这也进一步揭示了双向地震作用与单向地震作用的差别。

图 3-14 给出了三条地震动在 4 倍 SSE（峰值加速度为 1.52g）地震作用下双向地震作用与单向地震作用顶点位移反应的对比。

从图 3-14 中可见，三种不同地震状况下双向地震作用产生位移均远超过单向地震作用下的位移。对于 Northridge 地震，双向地震作用下顶点位移比单向地震作用下位移大 0.026m（x 向）和 0.025m（y 向），其增大幅度达到了 86.2%和 78.6%。对于 San Fernando 地震，双向地震作用下顶点位移比单向加载位移大 0.013m（x 向）和 0.015m（y 向），其增大幅度分别达到 48.0%和 66.7%。对于 Loma Prieta 地震，双向地震作用下顶点位移比单向加载位移大 0.0155m（x 向）和 0.022m（y 向），增大幅度达到了 43.5%和 73.3%。从均值角度分析可知，在 4 倍 SSE 地震作用下，双向地震作用平均顶点位移比单向地震作用平均位移大 0.018m（x 向）和 0.021m（y 向），其增大幅度分别达到了 59.3%和 77.1%。以上分析可以看出，随着地震强度越大，双向地震耦合会导致结构进一步产生变形，这主要是地震强度增大导致结构进入塑性状态越发严重，材料发生更为明显的刚度退化和强度退化。

3.5.2.2 局部损伤响应

上述的顶点位移仅仅从整体的角度分析了双向地震加载与单向地震加载的区别，而其并不能反映结构局部位置的破坏程度。通常工程师或者设计人员往往通过某一高度处或某一高度以下的位置来判断结构何处位置需要修复或震前加固，而由于地震动的随机性使得某一特定位置的损伤并不具有代表性。同时，Nakamura 等[16] 也认为评估某一高度处的平均反应比某一特定位置的反应更为重要，基于该论述 Nakamura 统计了核电站安全壳不同高度处的平均剪切应变、平均加速度及平均耗散能量。基于此，本书定义核电站安全壳相同高度处损伤因子的积分来反映其局部损伤，见式（3-8）和式（3-9）。

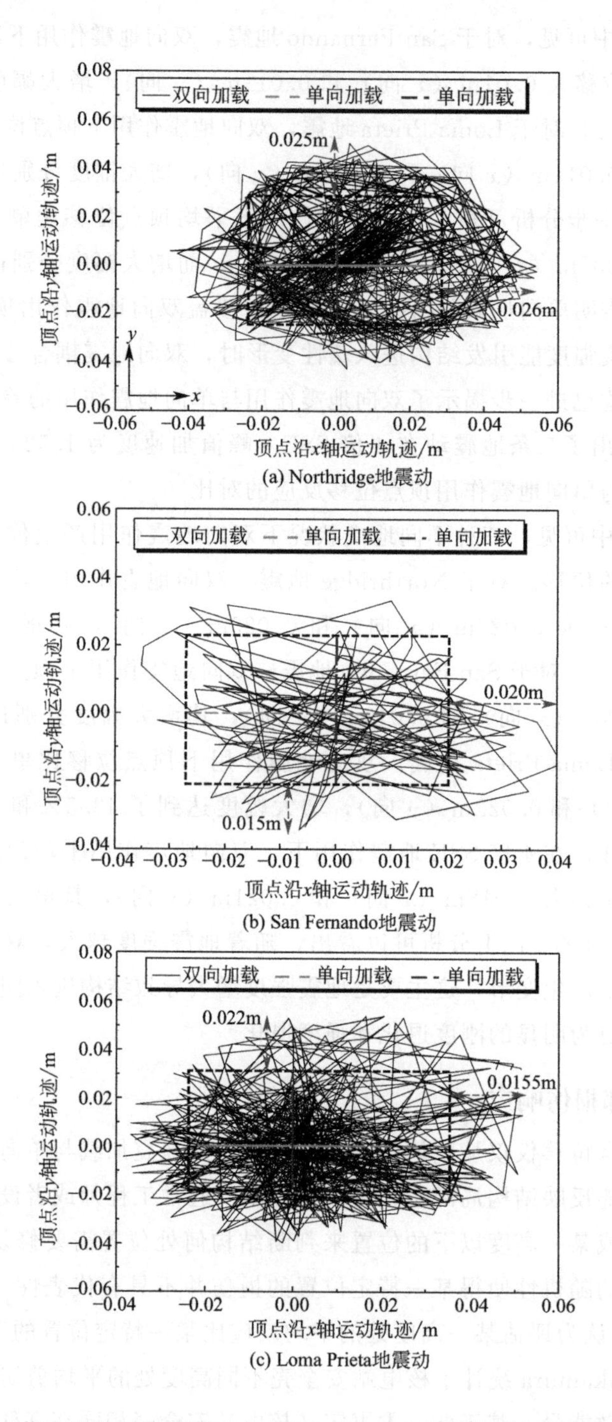

(a) Northridge地震动

(b) San Fernando地震动

(c) Loma Prieta地震动

图 3-14 4 倍 SSE 地震作用下双向地震作用与单向地震作用顶点位移反应对比

$$D_t = \frac{\int d_t \mathrm{d}v}{\int \mathrm{d}v} \tag{3-8}$$

$$D_c = \frac{\int d_c \mathrm{d}v}{\int \mathrm{d}v} \tag{3-9}$$

式中　D_t、D_c——局部抗拉损伤和抗压损伤；

d_t、d_c——积分点抗拉损伤和抗压损伤因子；

$\mathrm{d}v$——单元体积。

由于核电站安全壳剪跨比一般较小，底部往往首先发生破坏，因此本书主要对比核电站安全壳底部的损伤程度，如图 3-15 所示。

图 3-15　计算结构局部损伤示意

因为抗拉损伤因子和抗压损伤因子都反映了材料抗拉刚度和抗压刚度的退化，因此，这两种指标都可以反映结构特定位置处开裂及压碎的程度。该公式表明当结构局部抗拉损伤 D_t 或抗压损伤 D_c 为 1 时，结构发生完全开裂或压碎，而当结构局部抗拉损伤 D_t 或抗压损伤 D_c 为 0 时，结构完好无损。表 3-5 给出了 SSE 地震作用下核电站安全壳底部局部损伤值。可以看出，核电站安全壳在 SSE 地震作用下损伤值极小，可忽略不计，表明结构基本处于弹性状态。表 3-6 给出了 2 倍 SSE 地震作用下核电站安全壳底部局部损伤值。可以看出，在 Northridge、San Fernando 及 Loma Prieta 双向地震作用下，结构底部已经发生开裂的程度远大于各个单向地震作用下结构底部的情况。观察抗压损伤状态，可以看出双向地震作用下核电站安全壳底部在三条地震作用下的抗压损伤平均值为0.03，而单向地震作用下核电站安全壳抗压损伤平均值分别为0.01和0.01。尽管双向和单向地震作用都没导致结构底部发生压碎情况，但双向地震作用能导致结构底部发生更大的抗压损伤。表3-7给出了4倍SSE地震作用下核电站安全壳底部局部损伤值。可以看出，在Northridge、San Fernando及Loma Prieta双向地震作用下，结构底部的开裂程度仍然大于单向地震激励的情况。观察抗压损伤状态，可以看出双向地震作用下核电站安全壳底部在三条地震作用下的抗压损伤平均值为0.22，而单向地震作用下核电站安全壳抗压损伤平均值分别为0.06和0.06。

表3-5　SSE地震作用下核电站安全壳底部局部损伤

地震名	抗压损伤 D_c				抗拉损伤 D_t			
	NR	SF	LP	平均	NR	SF	LP	平均
双向	0.00	0.01	0.00	0.00	0.10	0.10	0.00	0.07
单向 x	0.00	0.00	0.00	0.00	0.00	0.00	0.00	0.00
单向 y	0.00	0.00	0.00	0.00	0.00	0.05	0.00	0.02

注：1. NR代表Northridge地震动。
2. SF代表San Fernando地震动。
3. LP代表Loma Prieta地震动。

表3-6　2倍SSE地震作用下核电站安全壳底部局部损伤

地震名	抗压损伤 D_c				抗拉损伤 D_t			
	NR	SF	LP	平均	NR	SF	LP	平均
双向	0.04	0.03	0.03	0.03	0.99	0.99	0.98	0.99
单向 x	0.01	0.00	0.01	0.01	0.74	0.88	0.83	0.81
单向 y	0.01	0.01	0.00	0.01	0.84	0.89	0.00	0.58

注：NR、SF、LP含义同表3-5。

表3-7　4倍SSE地震作用下核电站安全壳底部局部损伤

地震名	抗压损伤 D_c				抗拉损伤 D_t			
	NR	SF	LP	平均	NR	SF	LP	平均
双向	0.15	0.12	0.40	0.22	0.99	0.99	0.99	0.99
单向 x	0.03	0.13	0.03	0.06	0.81	0.99	0.97	0.92
单向 y	0.03	0.14	0.03	0.06	0.88	0.99	0.96	0.94

注：NR、SF、LP含义同表3-5。

上述表明，随着地震强度增大，结构在双向和单向地震作用下开裂程度和压碎程度会进一步增大，而双向地震激励会引起结构更大的抗压损伤和抗拉损伤。

3.5.2.3 损伤耗能响应

为了能够描述核电站安全壳耗能随时间积累的过程，本书采用损伤耗散能量评估其在双向地震作用下和单向地震作用下的整体损伤反应。与前面所述指标最大的不同是损伤耗散能量考虑了持时的作用。

地震输入能通常分为以下三部分：

$$E_i = E_a + E_k + E_\xi \tag{3-10}$$

式中 E_i——总输入能；

E_a——吸收能；

E_k——动能；

E_ξ——阻尼能。

吸收能由可恢复的弹性应变能 E_s 和不可恢复的滞回耗能 E_h 组成。

$$E_a = E_s + E_h \tag{3-11}$$

当材料发生损伤时，不可恢复的滞回耗能 E_h 由损伤耗散能量 E_d 和塑性耗散能量 E_p 组成。

$$E_h = E_d + E_p \tag{3-12}$$

损伤耗散能量可以通过将应变分解来得到：

$$\dot{\varepsilon} = \dot{\varepsilon}^{el} + \dot{\varepsilon}^{pl} \tag{3-13}$$

式中 $\dot{\varepsilon}$——总应变率；

$\dot{\varepsilon}^{el}$——弹性应变率；

$\dot{\varepsilon}^{pl}$——塑性应变率。

$$E_s + E_d = \int_0^t \left(\int_V \sigma : \dot{\varepsilon}^{el} \mathrm{d}V\right) \mathrm{d}\tau = \int_0^t \left[\int_V (1-d)\sigma^u : \dot{\varepsilon}^{el} \mathrm{d}V\right] \mathrm{d}\tau \tag{3-14}$$

假定卸载情况下，损伤参数在时间 t 保持不变：

$$E_s = \int_0^t \left[\int_V (1-d^t)\sigma^u : \dot{\varepsilon}^{el} \mathrm{d}V\right] \mathrm{d}\tau = \int_0^t \left[\int_V \frac{\sigma(1-d^t)}{(1-d)} : \dot{\varepsilon}^{el} \mathrm{d}V\right] \mathrm{d}\tau \tag{3-15}$$

可得损伤耗散能量为：

$$E_d = \int_0^t \left[\int_V (d^t - d)\sigma^u : \dot{\varepsilon}^{el} \mathrm{d}V\right] \mathrm{d}\tau = \int_0^t \left[\int_V \frac{\sigma(d^t - d)}{(1-d)} : \dot{\varepsilon}^{el} \mathrm{d}V\right] \mathrm{d}\tau \tag{3-16}$$

图 3-16 给出了三条地震动在 SSE 地震作用下双向地震作用与单向地震作用结构损伤耗散能量的对比，其中图 3-16(a)、(b)和(c)分别给出了 Northridge 地震、San Fernando 地震和 Loma Prieta 地震相对应的情况。可以看出，对于这三条地震动，不论在双向地震激励还是单向地震激励下，结构损伤耗能都比较小，

其中在双向地震激励下最大损伤耗散能量的平均值达到0.06MJ，而单向地震激励下最大损伤耗散能量仅为0.016MJ和0。这表明，尽管双向地震激励加载幅值与单向地震激励加载幅值一致，但是双向地震激励可能导致结构遭受更大的损伤。

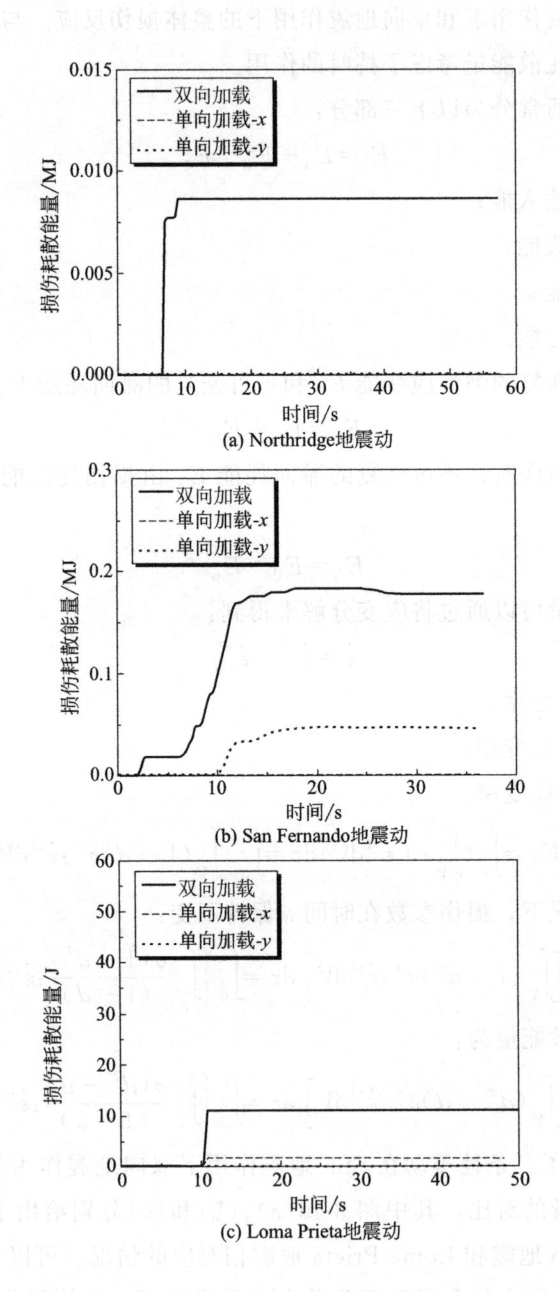

(a) Northridge地震动

(b) San Fernando地震动

(c) Loma Prieta地震动

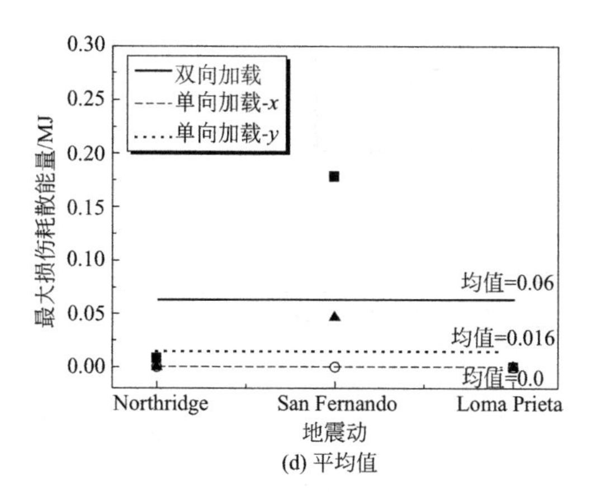

(d) 平均值

图 3-16　SSE 地震作用下双向地震作用与单向地震作用结构损伤耗散能量对比

图 3-17 给出了三条地震动在 2 倍 SSE 地震作用下双向地震作用与单向地震作用结构损伤耗散能量的对比，其中图 3-17（a）、（b）和（c）分别给出了 Northridge 地震、San Fernando 地震和 Loma Prieta 地震相对应的情况。可以看出，对于这三条地震动，双向地震激励都引起比每个单向地震激励更大的结构损伤耗能。图 3-17（d）给出了三条地震动下最大损伤耗散能量的平均值，其中在双向地震激励下最大损伤耗散能量的平均值达到 0.186MJ，而单向地震激励下最大损伤耗散能量仅为 0.08MJ 和 0.117MJ，双向地震激励引起的最大损伤耗散能量比单向地震激励引起的最大耗散能量大 1.3 倍和 0.59 倍。以上表明，随着地震强度增大，双向地震激励引起的结构损伤耗能同样比单向地震激励引起的损伤耗能大。

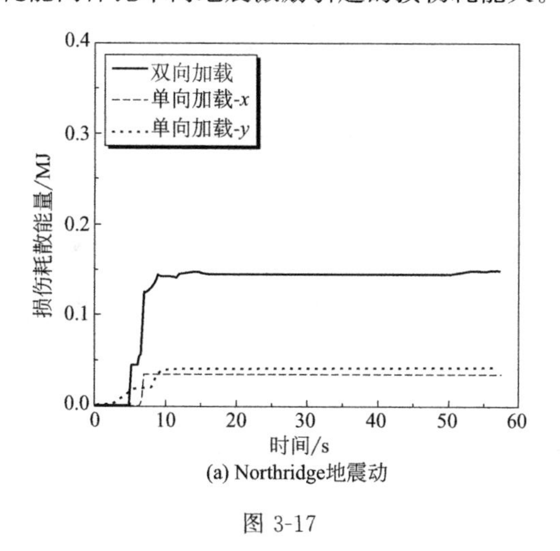

(a) Northridge地震动

图 3-17

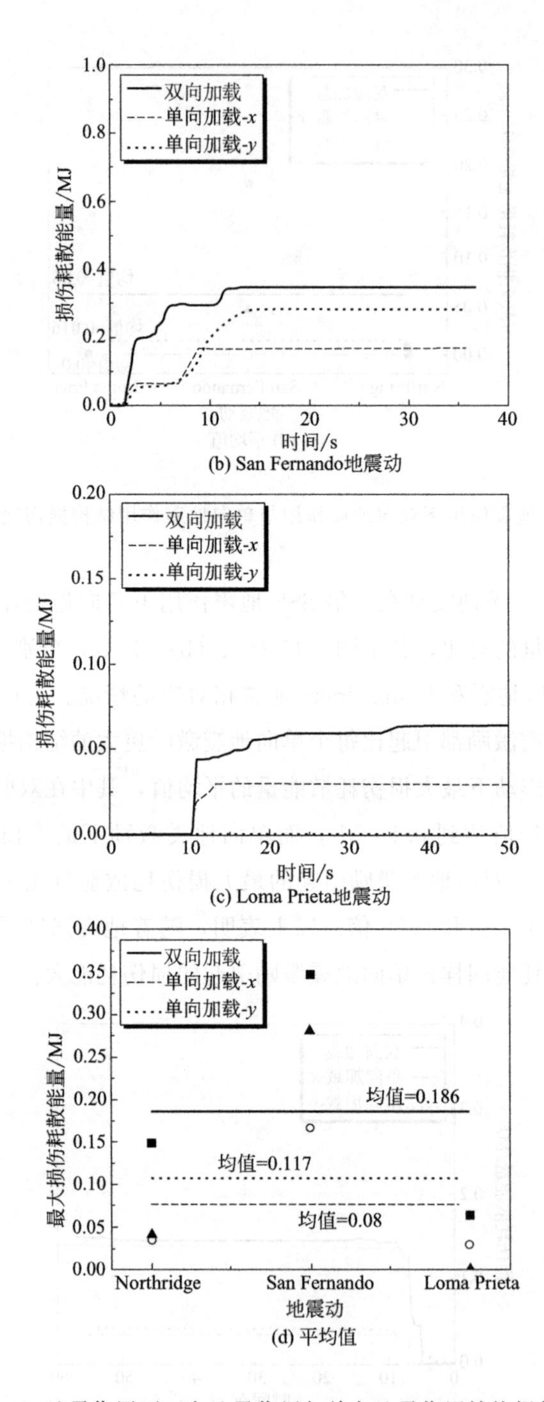

图 3-17　2 倍 SSE 地震作用下双向地震作用与单向地震作用结构损伤耗散能量对比

图 3-18 给出了三条地震动在 4 倍 SSE 地震作用下双向地震作用与单向地震作用结构损伤耗散能量的对比，其中图 3-18（a）、（b）和（c）分别给出了 Northridge 地震、San Fernando 地震和 Loma Prieta 地震相对应的情况。图 3-18（d）给出了三条地震动下最大损伤耗散能量的平均值，其中在双向地震激励下最大损伤耗散能量的平均值达到 3.09MJ，而单向地震激励下最大损伤耗散能量仅为 0.175MJ 和 0.19MJ，双向地震激励引起的最大损伤耗散能量比单向地震激励引起的最大耗散能量之和大 2.725MJ。以上表明，随着地震强度增大，双向地震激励引起的结构损伤耗能与单向地震激励引起的损伤耗能差距更为明显，这也证实了进行核电站安全壳地震响应分析时需要考虑双向地震分量的必要性。

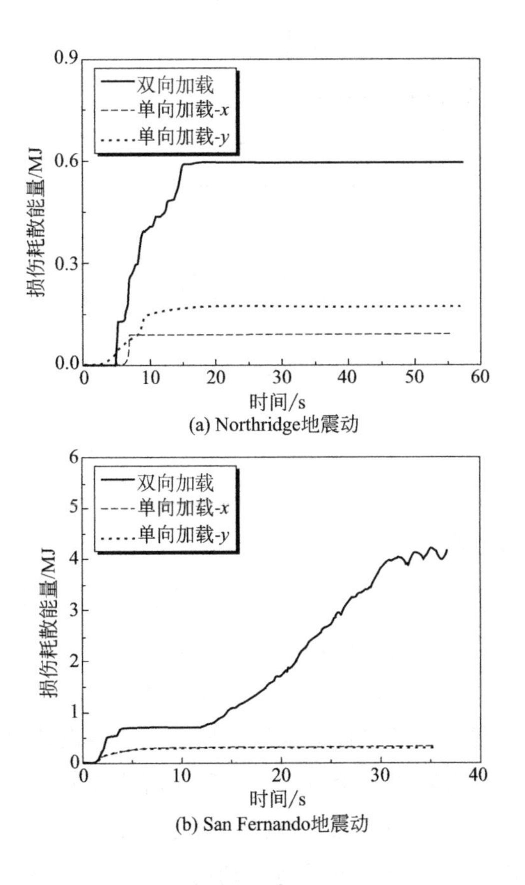

图 3-18

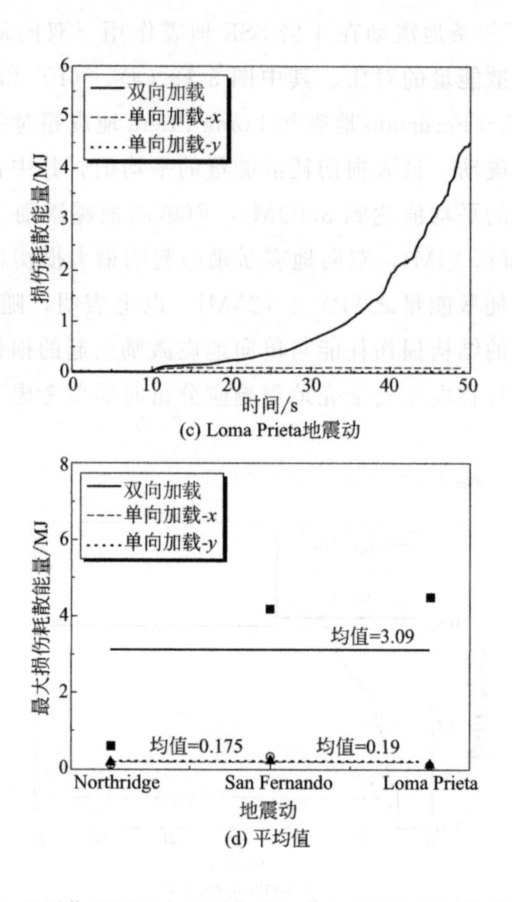

(c) Loma Prieta地震动

(d) 平均值

图 3-18　4 倍 SSE 地震作用下双向地震作用与单向地震作用结构损伤耗散能量对比

3.5.3　主余震的影响

历史地震资料表明，结构不仅会遭受双向地震分量的作用，而且还可能经历多次余震的作用。结构在遭遇主震作用之后可能会产生一定的损伤，由于余震与主震之间的时间间隔较短，在余震发生之前并没有足够的时间对已损伤结构进行修复。然而我国不论建筑抗震设计规范还是核电厂抗震设计规范都是基于单次地震动进行结构设计，即忽略了主余震对结构反应所造成的影响。本节给出了核电站安全壳遭受双向地震激励并考虑主余震影响的地震反应结果。主余震构造方法采用经典的重复主震地震动作为余震地震动的方法[17]，主震地震动仍然选用上节所选地震动，余震地震动采用重复的主震地震动。已有研究表明仅有当结构在主震作用下遭受损伤的时候，余震才会导致不利的结构响应[17]。根据上节研究结果，核电站安全壳在设计地震动情况下并未发生损伤，因此这里考虑主余震的影响时将主震与余震地震强度同时调整到 2 倍的 SSE 地震强度。

图 3-19 给出了 2 倍 SSE 地震作用下主余震地震作用与主震地震作用结构位移反应的对比。从图 3-19 可见，尽管余震的地震强度并未超过主震，但是余震作用下结构的位移响应均比主震地震响应大，其中对于 Northridge 地震动，主余震下结构位移响应为 0.025m（x 向）和 0.027m（y 向），而主震下结构位移响应仅为 0.018m（x 向）和 0.017m（y 向），其增幅达到 38.8%（x 向）和 58.8%（y 向）。从结构位移反应的平均值出发，主余震下结构位移响应为 0.029m（x 向）和 0.027m（y 向），而主震下结构位移响应仅为 0.025m（x 向）和 0.023m（y 向），其增幅达到 16.0%（x 向）和 17.3%（y 向）。以上说明，核电站安全壳的结构位移响应会受到主余震地震动的影响，同样表明，在地震强度及反应谱特性一致的情况下，长持时会增大结构的位移响应。

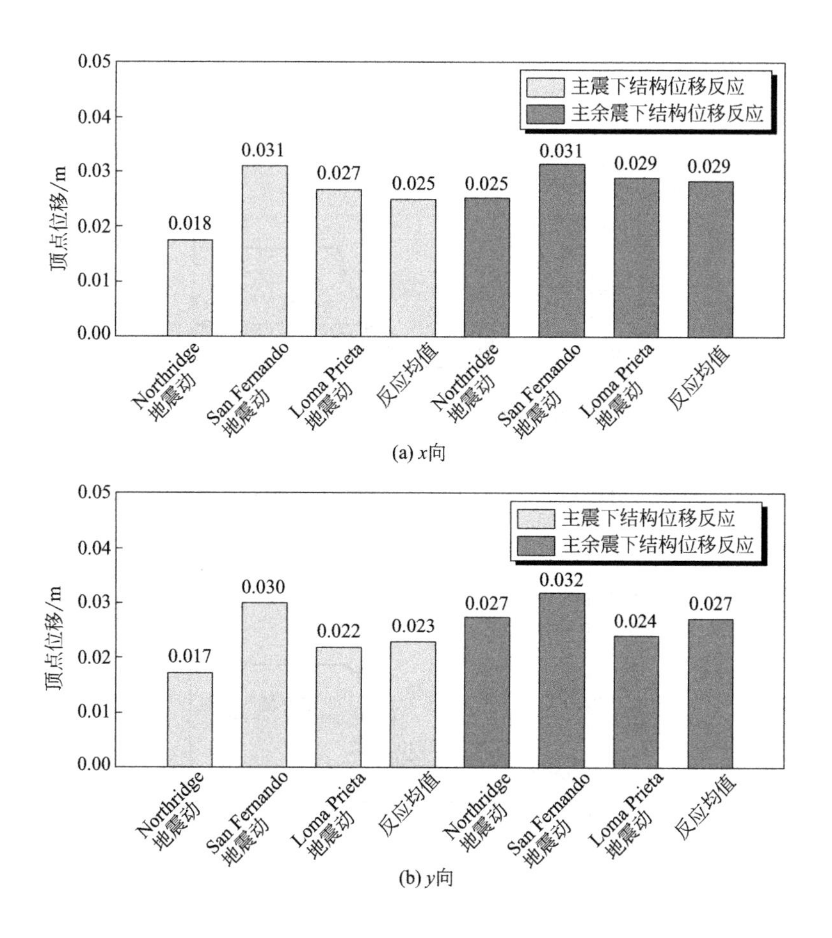

图 3-19　2 倍 SSE 地震作用下主余震地震作用与主震地震作用结构位移反应对比

图 3-20 给出了 2 倍 SSE 地震作用下主余震地震作用与主震地震作用结构损伤耗散能量的对比。从图 3-20 可见，主余震作用下结构的损伤耗散能量均显著大于主震的损伤耗散能量，其中对于 Northridge 地震动，主余震引起的结构损伤耗散能量达到主震引起的结构损伤耗散能量的 3.59 倍，对于 San Fernando 地震动和 Loma Prieta 地震动，主余震引起的结构损伤耗散能量与主震引起的结构损伤耗散能量之比也达到 5.2 和 1.71。对于平均最大损伤耗散能量需求，主震下最大损伤耗散能量仅为 0.19MJ，而主震下最大损伤耗散能量达到 0.81MJ，其增幅达到 3.37 倍。以上说明，核电站安全壳的结构损伤耗能响应会受到主余震地震动的影响，与结构顶点位移响应相比，其影响程度更加明显。同样表明，在地震强度及反应谱特性一致的情况下，长持时会增大结构的位移响应。因此，在进行核电站安全壳抗震设计或者评估时，建议考虑主余震或者持时对结构反应造成的影响。

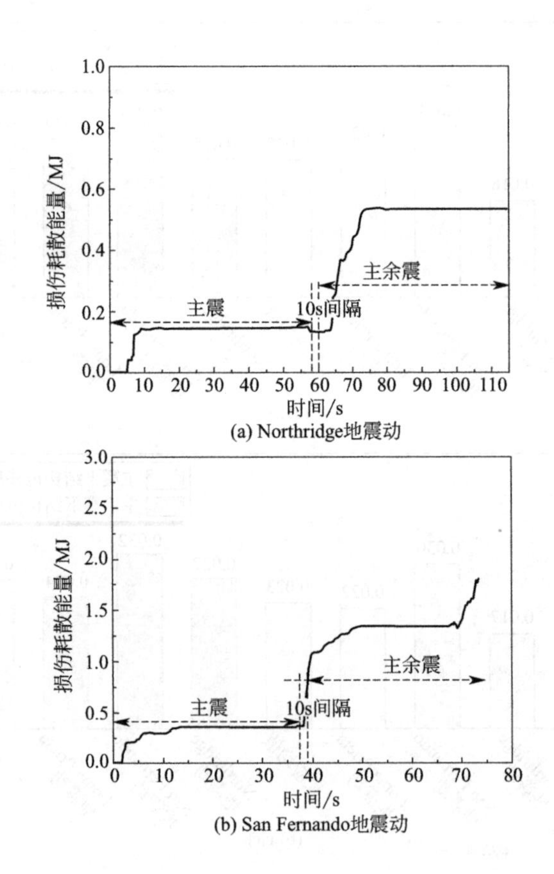

(a) Northridge地震动

(b) San Fernando地震动

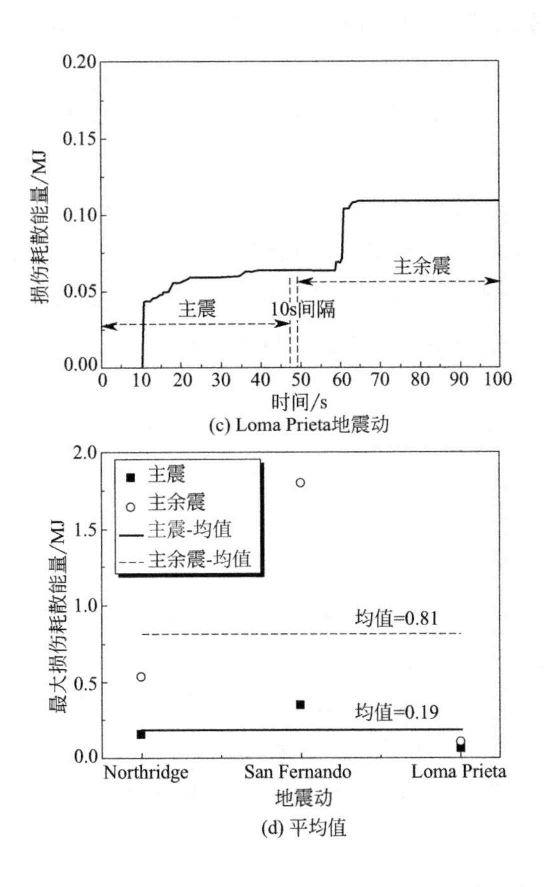

(c) Loma Prieta地震动

(d) 平均值

图 3-20　2 倍 SSE 地震作用下主余震地震作用与主震地震作用结构损伤耗散能量对比

3.6 本章小结

本章首先建立了核电站安全壳三维有限元模型，确定了合理的网格划分，然后进行了核电站安全壳模型的动力特性分析，获得了其各阶周期及模态形状，最后通过选取的具有代表性的三条地震动研究了核电站安全壳在双向地震激励和单向地震激励下结构反应的差别。具体结果如下：

① 核电站安全壳模态分析表明：其第一阶模态与第二阶模态均为平动模态，周期均为 0.2s，第 3 阶～第 8 阶模态形状均以局部振动为主，表明地震作用中第 3 阶～第 8 阶模态对结构整体受力并不起控制作用，第 9 阶模态形状以扭转为主，周期为 0.095s，第 10 阶～第 15 阶模态形状均以局部振动为主，第 16 阶模态和第 17 阶模态分别为两个水平方向的第二阶振动模态，周期分别为 0.07s 和

0.069s，第18阶模态是竖向振动模态，周期为0.067s，第19阶模态和第20阶模态为局部振动模态。

② 在设计地震强度下，双向地震耦合并不会导致结构产生更大的变形，其与单向地震作用在同方向上最大位移基本一致。当地震强度增加到2倍SSE时，双向地震作用下顶点位移比单向地震作用下位移分别增大了39.6%和47.1%。当地震强度继续增加到4倍SSE时，双向地震作用下顶点位移比单向地震作用位移增大幅度分别达到了59.3%和77.1%。随着地震强度越大，结构进入塑性状态越严重，材料发生明显的刚度退化和强度退化，双向地震耦合会导致结构进一步产生变形。

③ 对于结构局部损伤情况，在设计地震作用下，双向地震激励和单向地震激励均不会引起结构开裂，当地震强度增大，双向地震激励比单向地震激励更容易引起结构开裂。

④ 当地震强度为2倍SSE时，双向地震激励引起的最大损伤耗散能量比单向地震激励引起的最大耗散能量之和大0.197MJ。当地震强度增大到4倍SSE时，其最大损伤耗散能量之差增大到2.725MJ。

以上表明：对于结构整体耗散能量，双向地震激励能引起比单向地震激励更大的结构损伤耗能。随着结构进入塑性程度的增大，结构耗散能量在双向和单向地震激励下的差异比顶点位移和局部损伤指标更为明显，表明累积耗散能量可能是导致结构破坏的重要因素。

第4章 核电站安全壳在双向荷载路径下的性能状态

对核电站安全壳结构抗震性能状态的划分与量化描述，是开展核电厂安全壳结构地震易损性分析的基础工作。确定核电站安全壳的性能状态的方式大致分为三类：通过进行核电站安全壳的缩尺试验确定核电站安全壳的性能状态；通过各种数值模拟方法确定核电站安全壳的性能状态；将试验与数值模拟相结合确定核电站性能状态。目前，国内外对核电站安全壳的抗震性能状态确定都采用单向Pushover或者拟静力试验的方法，而对核电站安全壳在复杂双向荷载路径下的抗震性能状态研究则很少。尽管部分学者如Kitada[18] 进行过双向荷载路径下钢筋混凝土剪力墙的性能研究，但其仅考虑了少量不同几何尺寸及材料参数的情况且仅定性地表明剪力墙的抗震能力在剪切变形角超过0.002后可能会显著降低。

尽管试验研究可以直观明确地得到核电站安全壳结构抗震性能的变化，但受试验设备及经济条件的限制，结构模型在几何尺寸和材料参数的选择上无法模拟真实结构，具有较大的局限性。数值模拟分析方法可以弥补试验研究的局限性，因此本书采用前述经过验证的模型，来确定核电站安全壳考虑双向荷载路径影响的抗震性能状态。

4.1 核电站安全壳在地震作用下的简化荷载路径

图4-1给出了核电站安全壳在某双向地震作用下顶点的运动轨迹。

从图4-1中可以看出，核电站安全壳在地震作用下的运动极其杂乱无章，毫无规律。为了能够更加合理地考虑双向地震作用下荷载路径对于核电站安全壳性能状态的影响，本节将实际地震作用下复杂的荷载路径简化成多个简单型式的路

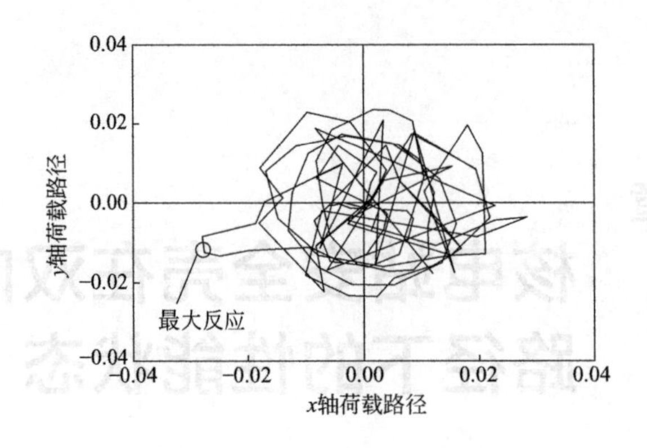

图 4-1　核电站安全壳在实际双向地震作用下的顶点轨迹

径，以进行相关研究。简化荷载路径如图 4-2～图 4-5 所示。这里需要注意，由于定义了核电站安全壳顶点的运动轨迹，因此后续分析中将采用基于位移的控制方法，即每一个加载步采用指定位移的方式进行结构推覆，同时记录每一次推覆完成后结构的基底剪力以及结构性能状态。

4.1.1 方形

图 4-2 给出了核电站安全壳在方形荷载路径下顶点的位移轨迹。从图 4-2 可以看出，核电站安全壳在方形荷载路径下从坐标（0，0）出发，并沿着坐标（1，0）、(1，1)、(−1，1)、(−1，−1)、(1，−1）行进，最后回到坐标（1，0）并完成一个循环。更大幅值的循环仍然按照上述荷载路径进行。

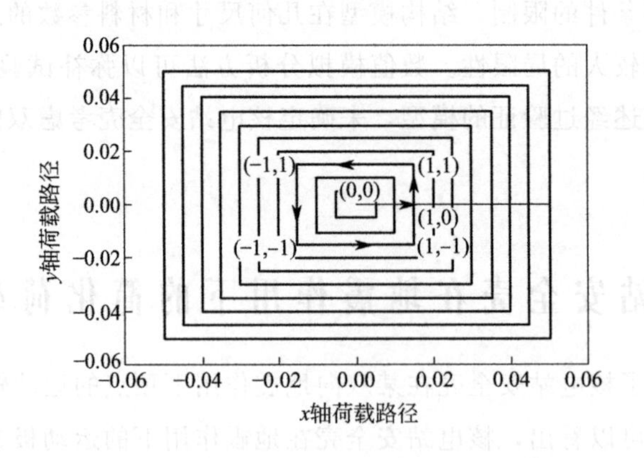

图 4-2　方形荷载路径

4.1.2 圆形

图 4-3 给出了核电站安全壳在圆形荷载路径下顶点的位移轨迹。核电站安全壳在圆形荷载路径下的位移轨迹始终围着一个圆环。从图 4-3 中可以看出，核电站安全壳在圆形荷载作用下从坐标（0，0）出发，并沿着坐标（1，0）、（0，1）、（−1，0）、（0，−1）以圆环行进，最后回到坐标（1，0）并完成一个循环。

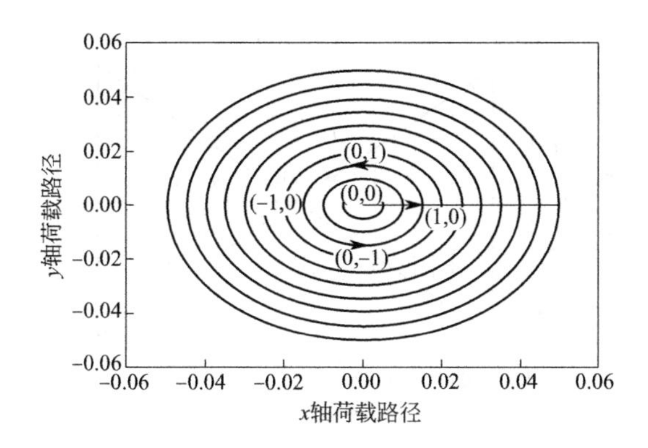

图 4-3 圆形荷载路径

4.1.3 菱形

图 4-4 给出了核电站安全壳在菱形荷载路径下顶点的位移轨迹。核电站安全壳在菱形荷载路径下的位移轨迹始终围着一个菱形。从图 4-4 中可以看出，核电站安全壳在菱形荷载作用下从坐标（0，0）出发，并沿着坐标（1，0）、（0，1）、（−1，0）、（0，−1）以菱形行进，最后回到坐标（1，0）并完成一个循环。

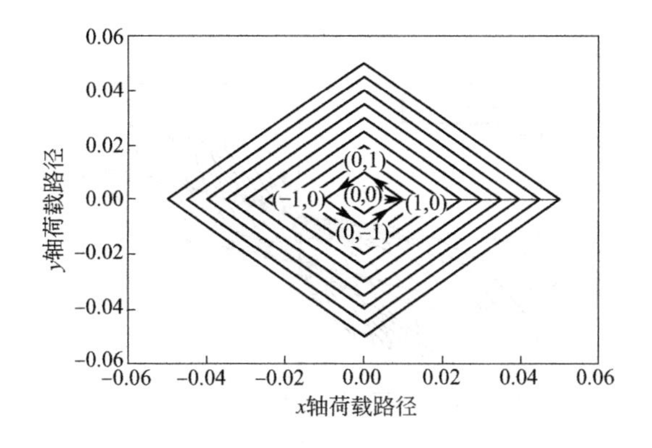

图 4-4 菱形荷载路径

4.1.4　无穷形

图 4-5 给出了核电站安全壳在无穷形荷载路径下顶点的位移轨迹。从图 4-5 中可以看出，核电站安全壳在无穷形荷载作用下从坐标（0，0）出发，并沿着坐标（1，0）、（1，1）、（0，0）、（−1，−1）、（−1，1）、（0，0）、（1，−1）以无穷形行进，最后回到坐标（1，0）并完成一个循环。

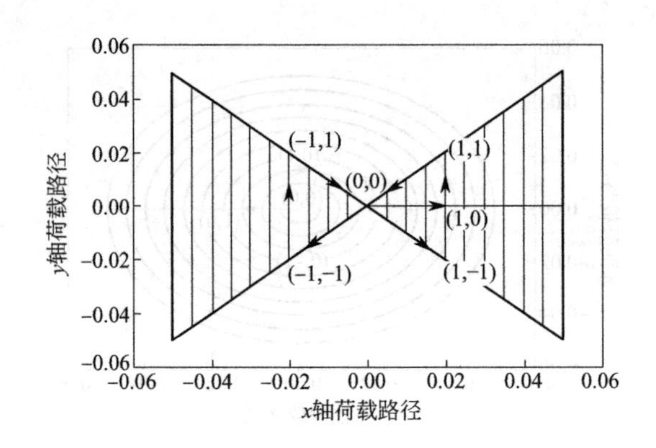

图 4-5　无穷形荷载路径

4.2　核电站安全壳在双向荷载路径下的滞回性能

图 4-6 给出了试件 1（见第 2 章试验简介）在单向荷载路径下的滞回曲线。从图 4-6 中可以看出，试件 1 在单向荷载路径下正向与反向的滞回性能基本一致；试件 1 在滞回荷载下呈现明显的捏缩反应；骨架曲线表明试件 1 随荷载强度增大呈现明显的四个阶段：开裂、屈服、峰值和倒塌。

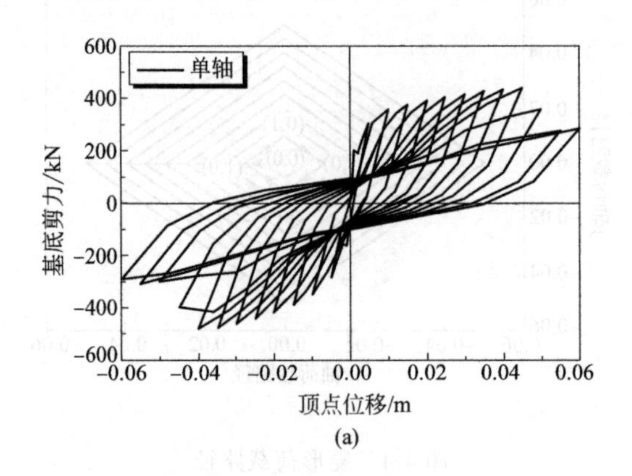

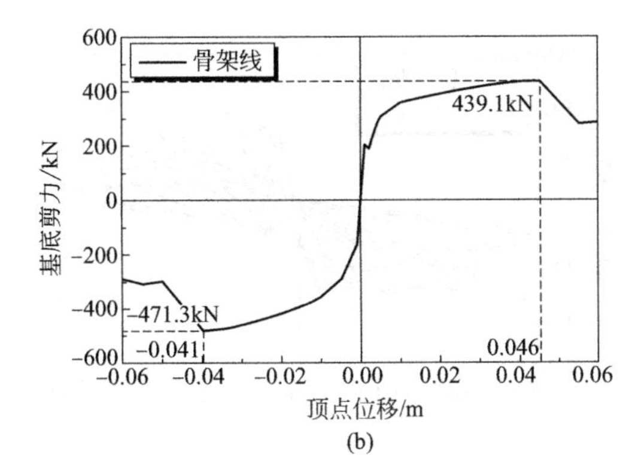

(b)

图 4-6　试件 1 在单向加载下的滞回性能

作为对比，图 4-7～图 4-10 给出了试件 1 在方形、圆形、菱形和无穷形荷载路径下的滞回曲线。

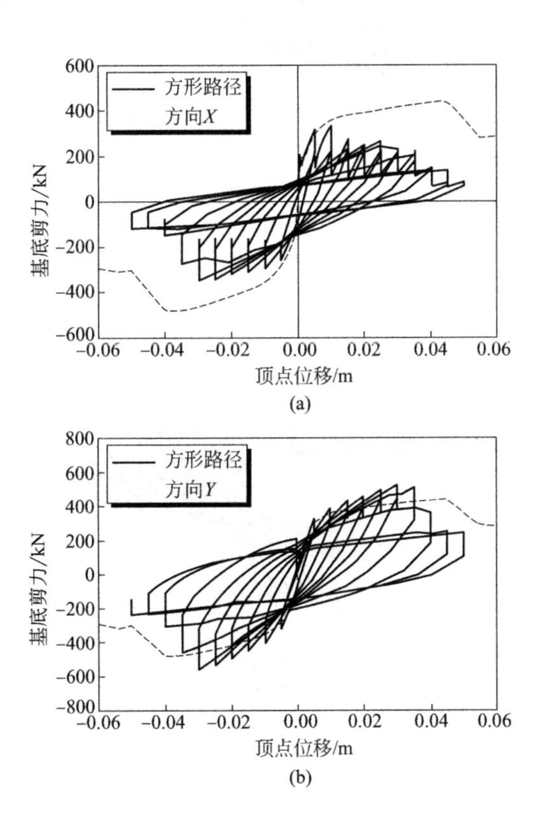

(b)

图 4-7　试件 1 在方形加载下的滞回性能

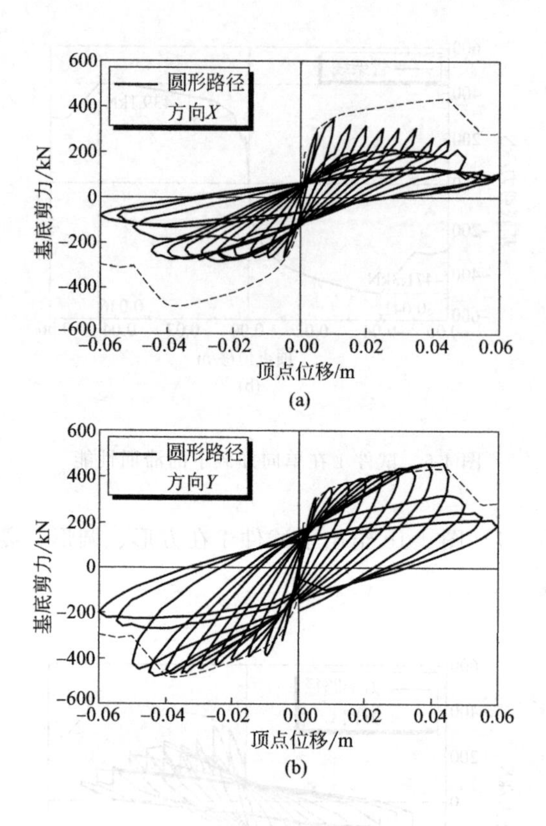

图 4-8　试件 1 在圆形加载下的滞回性能

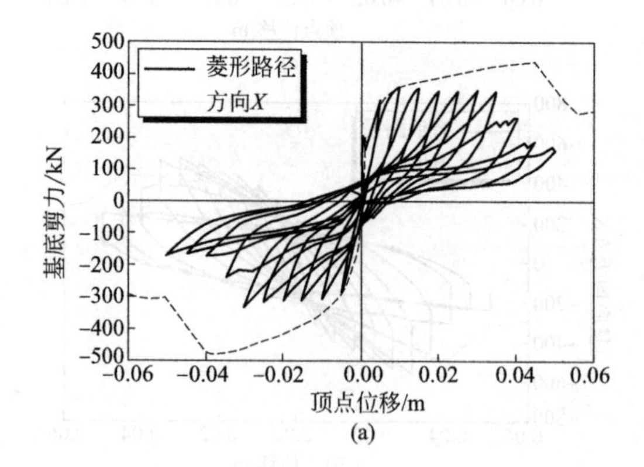

(a)

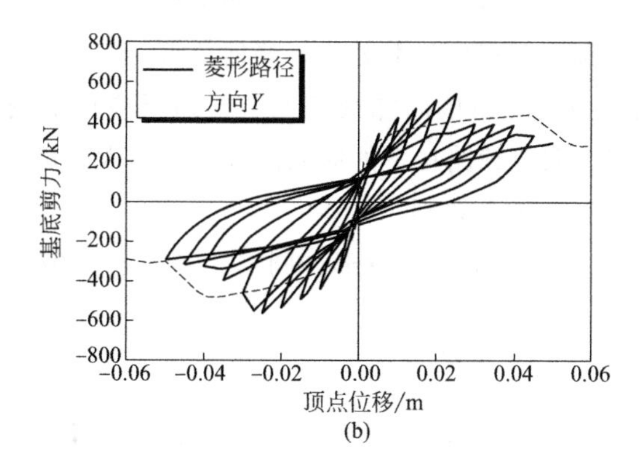

图 4-9 试件 1 在菱形加载下的滞回性能

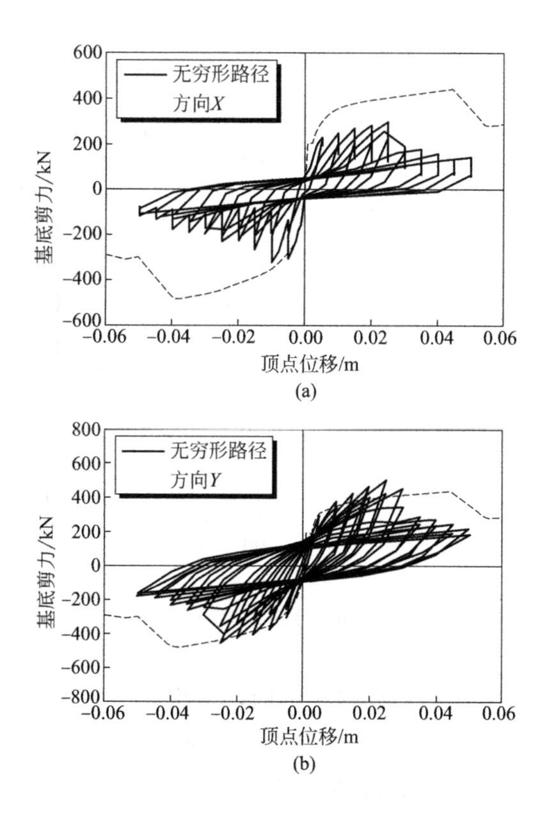

图 4-10 试件 1 在无穷形加载下的滞回性能

从图中可以看出，受荷载路径影响，X 向滞回曲线与单向荷载路径下的滞回曲线有较大差别，尽管开裂段与屈服段与单向加载基本一致，峰值段和倒塌段都比单向加载大大提前；与单向加载相比，峰值荷载与极限荷载都减小，峰值位移与极限位移也相应减小；与单向加载相比，捏缩反应更加剧烈；值得注意的是，Y 向滞回曲线与单向荷载路径下的滞回曲线差别不大，可见荷载路径不同可能会对结构滞回性能产生较大差别。

图 4-11 给出了试件 1 在单向、方形、圆形、菱形和无穷形荷载路径下骨架曲线的对比。

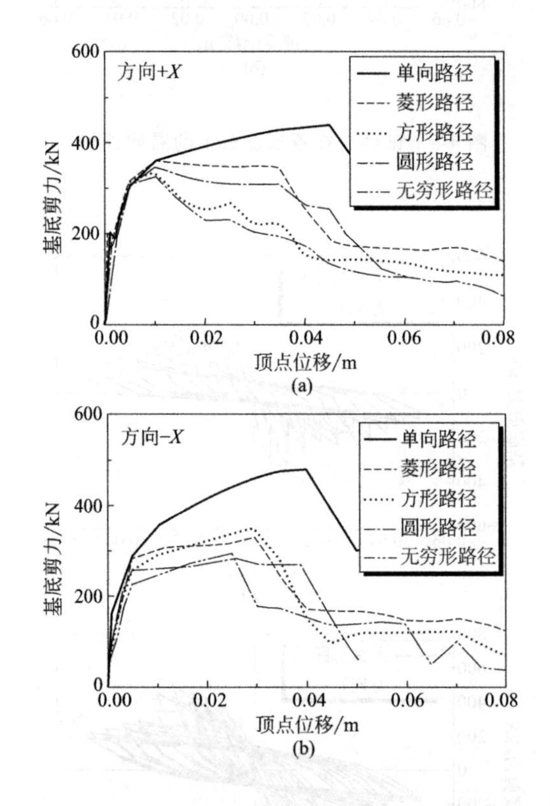

图 4-11　试件 1 在单向加载及双向路径加载下骨架曲线的对比

从图 4-11 中可以看出，荷载路径不同，结构滞回性能有较大差别；无穷形路径对试件 1 的滞回性能影响最大，菱形路径对试件 1 的滞回性能影响最小；此外，与单向加载路径相比，屈服以后上升段明显变缓，下降段明显提前。需要注意的是试件 1 在不同双向荷载路径下的骨架线，均表现为 Y 方向与单向路径下的骨架线较一致，而 X 方向较差，这是由于试件的骨架线与双向加载过程中的初始路径或初始损伤密切相关，即沿初始路径方向的骨架线可能变化更为显著，由于本书进行不同路径下的双向滞回加载时，均是首先沿 X 向进行推覆，即初始路径是沿 X 方向，然后才沿 Y 向进行推覆，因此出现了 Y 方向与单向路径下的骨架线较一致，而 X 方向相差较大的结果。

从核电站安全壳的滞回行为可以看出，其在双向荷载路径下基底剪力的减小比单向荷载下更加明显。此外，在施加同样幅值位移情况下，核电站安全壳在双向荷载路径下比单向荷载路径吸收更多的输入能量。因此，导致水平恢复力降低的因素很有可能是塑性耗散能量。图 4-12 给出了试件 1 在单轴加载及双向路径加载下耗散能量与总基底剪力关系的对比。总耗散能量和总基底剪力分别按照式（4-1）和式（4-2）计算：

$$A_{\mathrm{E}}=\int H_x \mathrm{d}u_x+\int H_y \mathrm{d}u_y \tag{4-1}$$

$$H_{\sum}=\sqrt{H_x^2+H_y^2} \tag{4-2}$$

式中 H_x、H_y——X 方向和 Y 方向水平基底剪力；

A_{E}——总耗散能量；

u_x、u_y——X 方向和 Y 方向顶点水平位移；

$H_{\sum}$——总水平基底剪力。

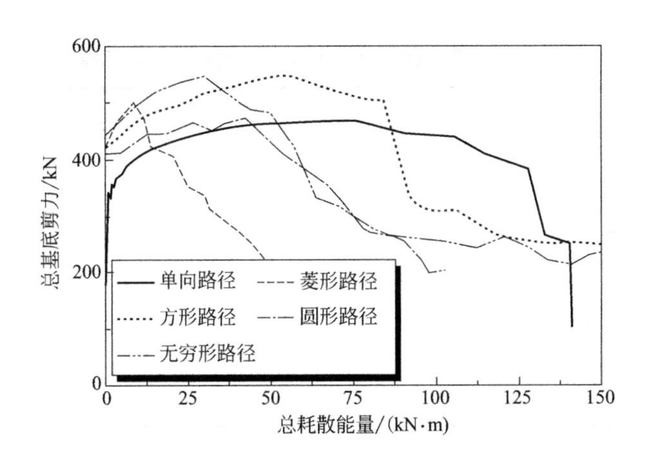

图 4-12 试件 1 在单向加载及双向路径加载下耗散能量与总基底剪力关系的对比

从图 4-12 可以看出，试件 1 总基底剪力-耗散能量曲线在不同荷载路径下明显不同。对于菱形、方形、圆形和无穷形路径，当总耗散能量分别小于 15.3 kN·m、87.1kN·m、44.2kN·m 及 52.1kN·m 时，结构所受总基底剪力远大于单向路径下结构所受基底剪力，表明当总耗散能量较小时，双向地震激励能引起比单向地震激励更大的基底反力。随着总耗散能量的增大，不同双向路径下结构基底剪力比单向路径下结构基底剪力发生更早的退化，表明复杂的荷载路径改变了结构材料的损伤状态，其能导致结构在受到同样耗散能量情况下出现更为明显的强度退化和刚度退化。

4.3 双向荷载路径下核电站安全壳强度及位移预测

4.3.1 参数分析工况

双向荷载路径下核电站安全壳强度及位移预测公式的建立是在大量工况下荷载-位移骨架曲线统计分析的基础上，确定模型各特征参数的影响因素及影响规律，最终通过回归分析建立各特征参数的计算公式。首先采用前面经过验证的钢筋混凝土安全壳的有限元建模方法，对钢筋混凝土安全壳进行 100 种工况下的 Pushover 分析，考虑筒体厚度、筒体直径、轴压比、剪跨比、混凝土抗压强度、钢筋屈服强度、竖向钢筋配筋率、横向钢筋配筋率等参数对钢筋混凝土安全壳性能状态的影响规律，具体分析工况见表 4-1。所选核电站安全壳几何及材料参数取自对当前核电站钢筋混凝土筒体试验参数取值范围的统计[19]。

表 4-1 核电站钢筋混凝土筒体试验参数取值范围

试验参数	参数取值范围
筒体厚度(t)/cm	5～20
筒体直径(D)/cm	100～200
剪跨比(M/QD)	0.5～1.0
混凝土抗压强度(σ_c)/MPa	20～40
钢筋屈服强度(σ_y)/MPa	350～400
竖向钢筋配筋率/%	1.0～3.0
水平钢筋配筋率/%	1.0～3.0

筒体厚度与筒体直径相比非常小，因此将核电站安全壳等价于薄壁筒壳是满足计算要求的。剪跨比为 0.5～1.0，表明核电站安全壳通常设计为抗剪筒壳，抗弯成分占据比例小。值得注意的是，在本书统计分析中，为了考虑弯曲分量的影响，剪跨比假定为 0.5～2.0。横向和纵向配筋率表明钢筋混凝土安全壳是密集配筋的筒体结构，在这一点上也与普通结构大大不同。

4.3.2 参数统计分析

已有研究表明双向荷载路径对钢筋混凝土剪力墙的开裂性能影响不大，并且可以忽略，但当剪切变形角达到 0.002 时钢筋混凝土剪力墙的承载力可能会显著降低[18]，因此本书主要探讨钢筋混凝土剪力墙的峰值和极限承载力状态。此外，本书定义峰值状态为结构达到最大强度的状态，极限状态为结构达到 85%最大强度的状态。

图 4-13 给出了三组不同的随机参数所生成的模型在矩形双向荷载路径下所提取的骨架曲线以及三个不同的性态点。在此基础上，进一步探讨轴压比、剪跨比等影响因素对钢筋混凝土剪力墙峰值点及极限点承载力和位移的影响规律。

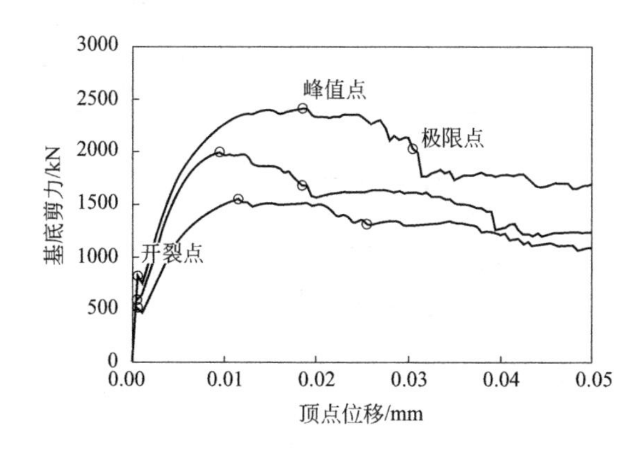

图 4-13　不同结构参数下的三条 Pushover 曲线

4.3.2.1 剪跨比

(1) 剪跨比对结构峰值强度之比值的影响

剪跨比与结构峰值强度比值（双向荷载路径与单向荷载路径确定的峰值强度比值）的关系如图 4-14 所示。

由图 4-14 可知，当剪跨比小于 1 时，随着剪跨比增大，结构峰值强度比值线性减小；而当剪跨比大于 1 时，则随着剪跨比增大，结构峰值强度比值线性增大。描述剪跨比对结构反应的影响可以用分段直线来近似表示。

(2) 剪跨比对结构峰值位移之比值的影响

结构峰值位移之比值与剪跨比的变化规律如图 4-15 所示。

由图 4-15 可知，当剪跨比小于 1.0 时，随着剪跨比增大，结构峰值位移之比值线性减小；而当剪跨比大于 1.0 时，则随着剪跨比增大，结构峰值位移之比值近

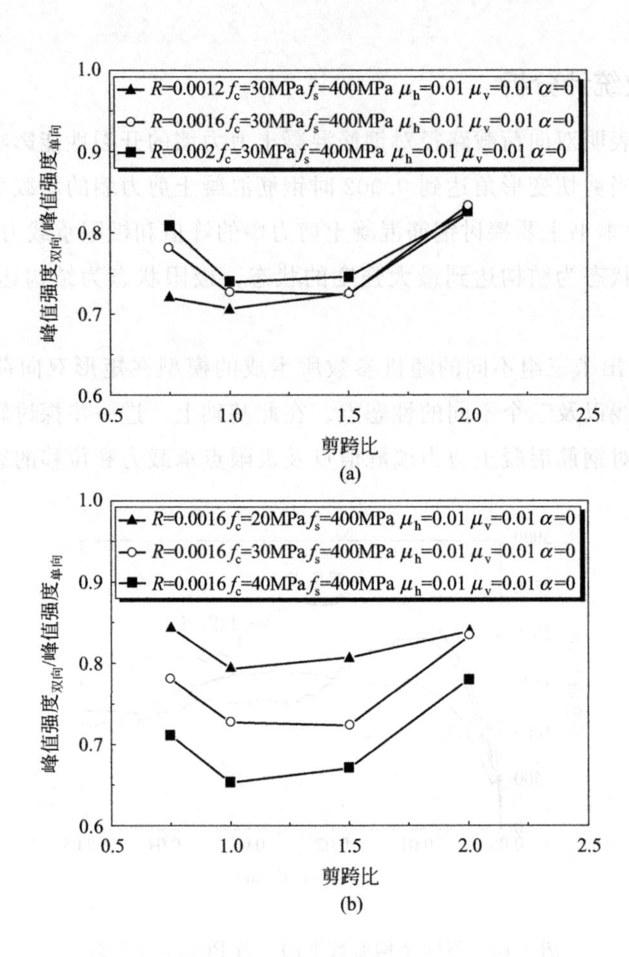

图 4-14　剪跨比对结构峰值强度之比值的影响

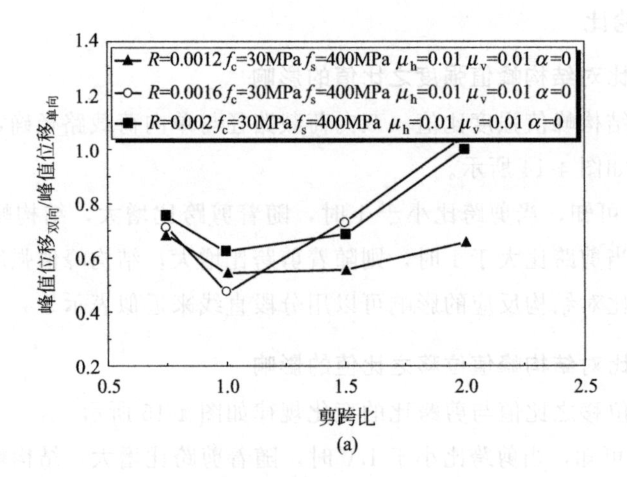

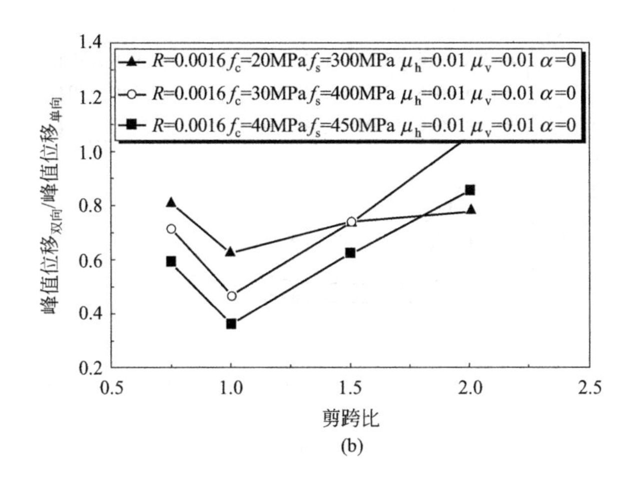

图 4-15 剪跨比对结构峰值位移之比值的影响

似线性增大。因此，剪跨比在 1.0 附近改变时，影响结构受力行为的因素可能会发生改变。描述剪跨比对结构反应的影响同样可以用分段直线来近似表示。

(3) 剪跨比对结构极限位移之比值的影响

剪跨比变化时，结构极限位移之比值的变化规律如图 4-16 所示。

由图 4-16 中变化规律可知，当剪跨比小于 1.0 时，随着剪跨比增大，结构极限位移之比值线性减小；而当剪跨比大于 1.0 时，则随着剪跨比增大，结构极限位移之比值近似保持恒定不变。描述剪跨比对结构反应的影响可以用分段直线来近似表示。

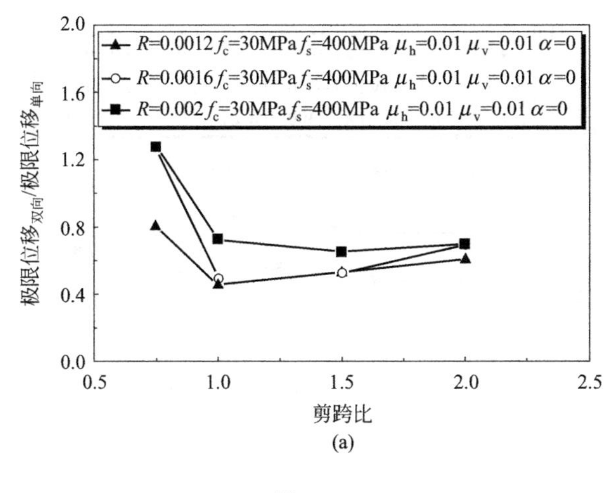

图 4-16

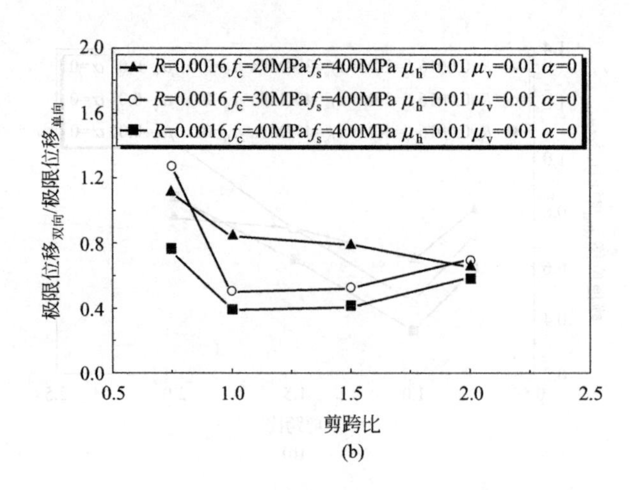

图 4-16　剪跨比对结构极限位移之比值的影响

4.3.2.2　厚径比

(1) 厚径比对结构峰值强度之比值的影响

结构峰值强度之比值与厚径比的变化规律如图 4-17 所示。

由 4-17 图可知，钢筋混凝土安全壳随着厚径比的增大，强度比值呈线性增大的趋势，但增幅较缓，钢筋混凝土安全壳的结构峰值承载力比值与厚径比之间具有较好的线性关系。

(2) 厚径比对结构峰值位移之比值的影响

结构峰值位移之比值随厚径比的变化规律如图 4-18 所示。

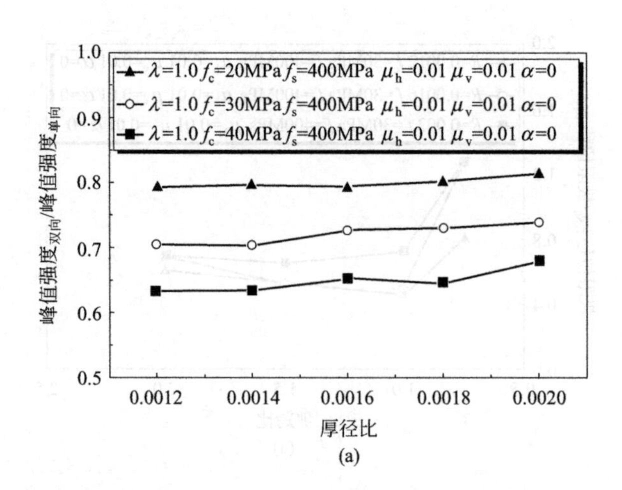

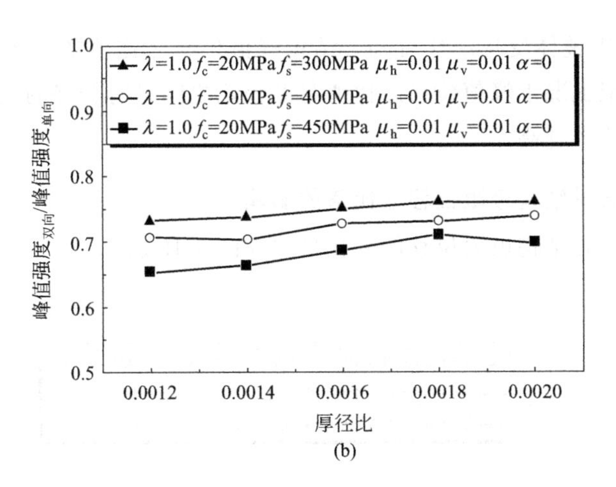

(b)

图 4-17 厚径比对结构峰值强度之比值的影响

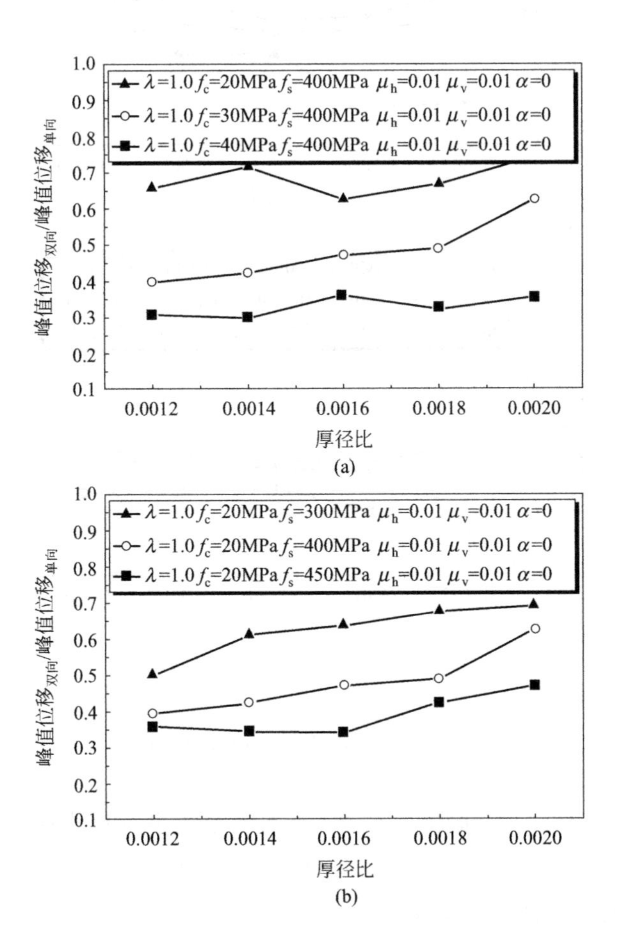

(b)

图 4-18 厚径比对结构峰值位移之比值的影响

由图 4-18 中整体变化规律可知，结构峰值位移之比值随厚径比的增加呈增加的趋势；固定工况下峰值位移之比值与厚径比之间具有较好的线性关系，厚径比越大水平承载力越高。

(3) 厚径比对结构极限位移之比值的影响

厚径比变化时结构极限位移的变化规律如图 4-19 所示。

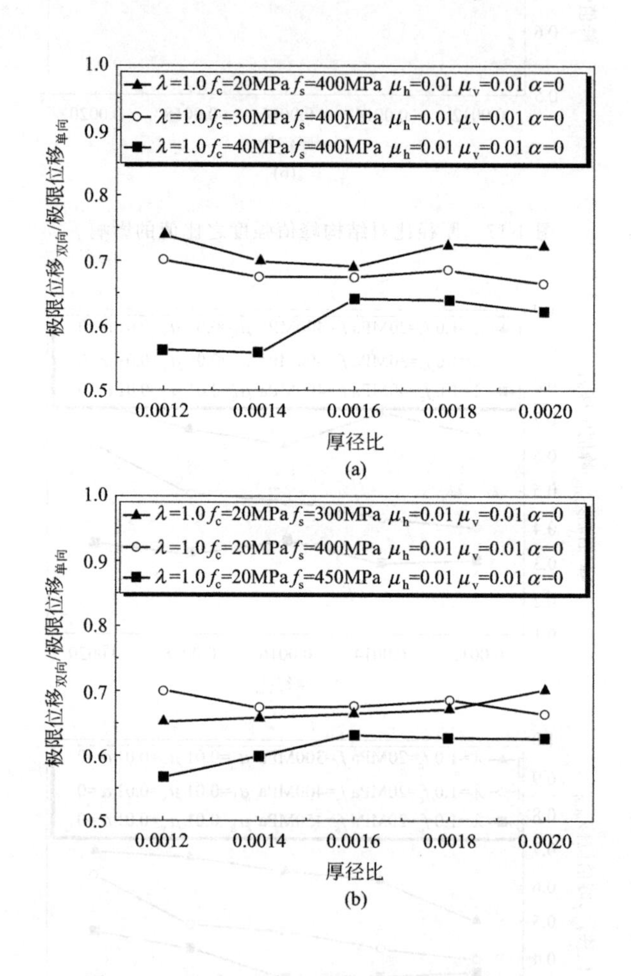

图 4-19　厚径比对结构极限位移之比值的影响

由图 4-19 可知，结构极限位移之比值与厚径比呈近似线性关系。随着混凝土抗压强度或者钢筋屈服强度的增大，结构极限位移之比值随厚径比的变化趋势由线性降低转变为近似线性增长。

4.3.2.3 混凝土抗压强度

(1) 混凝土抗压强度对结构峰值强度之比值的影响

混凝土抗压强度的变化对结构峰值强度之比值的影响，如图 4-20 所示。

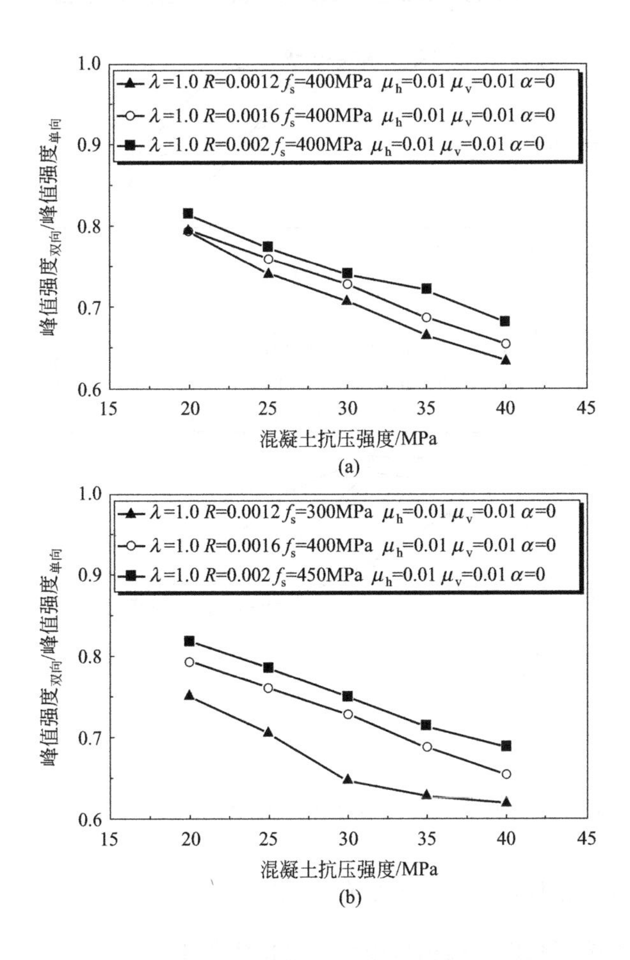

图 4-20 混凝土抗压强度对结构峰值强度之比值的影响

由图 4-20 可知，随混凝土抗压强度的增加，结构峰值强度之比值呈现为线性降低的趋势。

(2) 混凝土抗压强度对结构峰值位移之比值的影响

结构峰值位移之比值随混凝土抗压强度的变化趋势如图 4-21 所示。

从图 4-21 中可以看出，混凝土抗压强度对结构峰值位移之比值的影响规律与峰值强度之比值的影响类似，随混凝土抗压强度的增加，结构峰值位移之比值

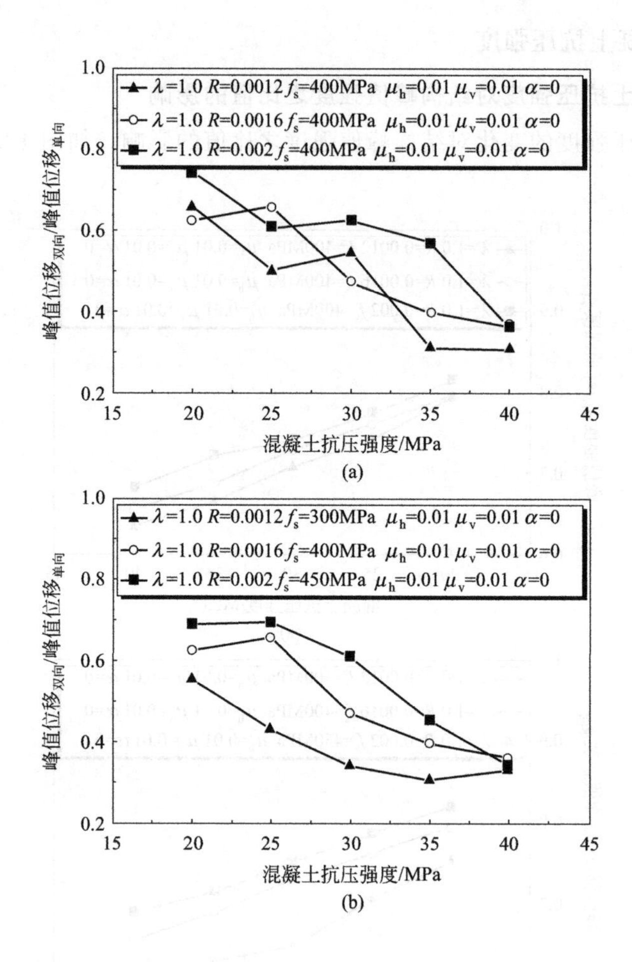

图 4-21 混凝土抗压强度对结构峰值位移之比值的影响

呈现为线性降低的趋势，但线性关系有所减弱。

(3) 混凝土抗压强度对结构极限位移之比值的影响

图 4-22 所示为混凝土抗压强度变化对结构极限位移之比值的影响规律。

由图 4-22 可知，随混凝土抗压强度的增加，结构峰值位移之比值呈现为线性降低的趋势。

4.3.2.4 钢筋屈服强度

(1) 钢筋屈服强度对结构峰值强度之比值的影响

钢筋屈服强度的变化对结构峰值强度之比值的影响如图 4-23 所示。

由图 4-23 可知，随钢筋屈服强度的增加，结构峰值强度之比值呈现为线性

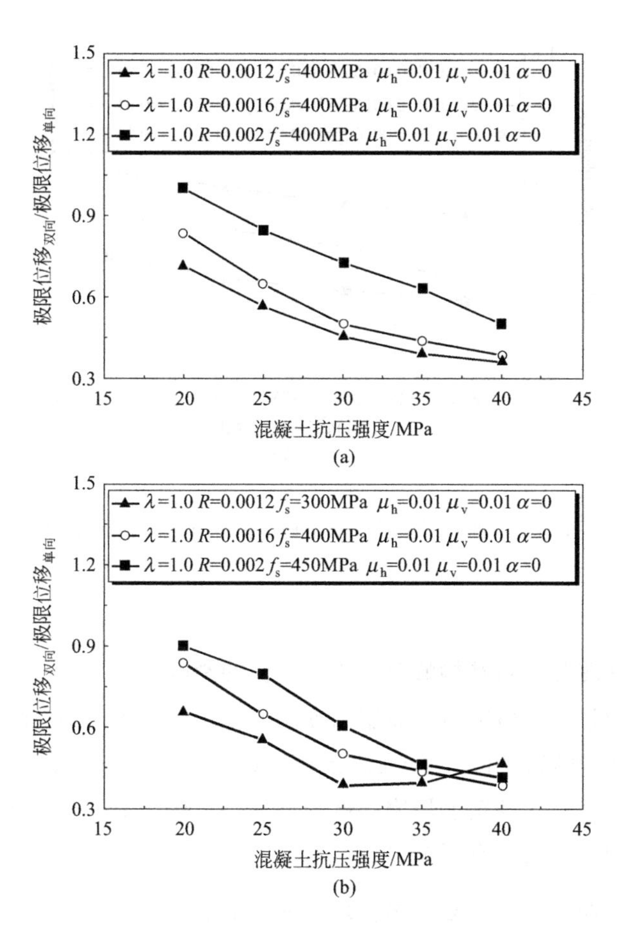

图 4-22　混凝土抗压强度对结构极限位移之比值的影响

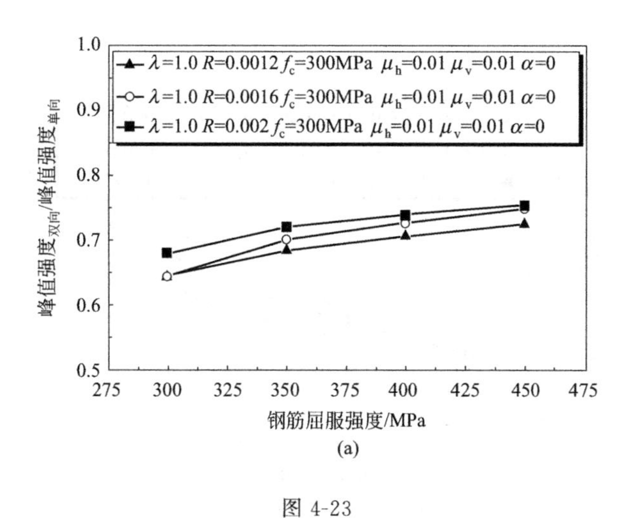

图 4-23

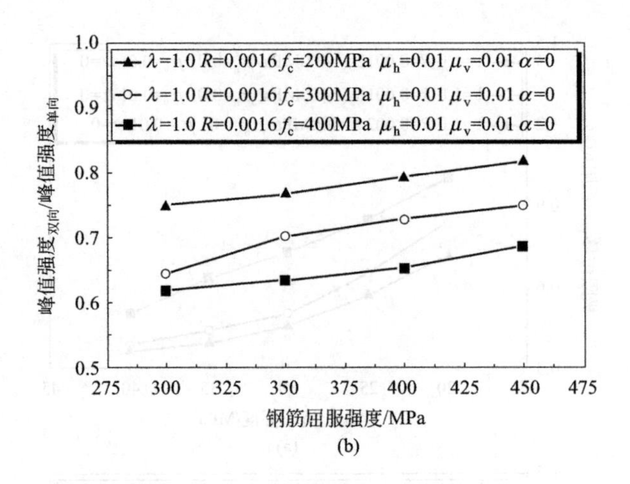

图 4-23 钢筋屈服强度对结构峰值强度之比值的影响

增长的趋势。

(2) 钢筋屈服强度对结构峰值位移之比值的影响

结构峰值位移之比值随钢筋屈服强度的变化趋势如图 4-24 所示。

从图 4-24 中可以看出，钢筋屈服强度对结构峰值位移之比值的影响规律与峰值强度的影响类似，随钢筋屈服强度的增加，结构峰值位移之比值呈现为线性增长的趋势，但线性关系有所减弱。

(3) 钢筋屈服强度对结构极限位移之比值的影响

图 4-25 所示为钢筋屈服强度变化对结构极限位移之比值的影响规律。

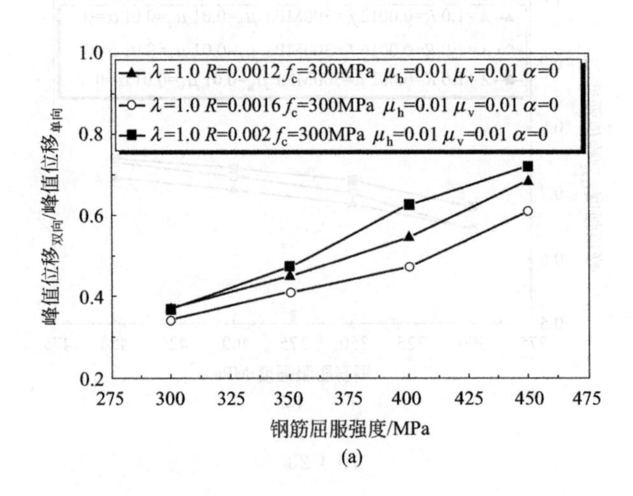

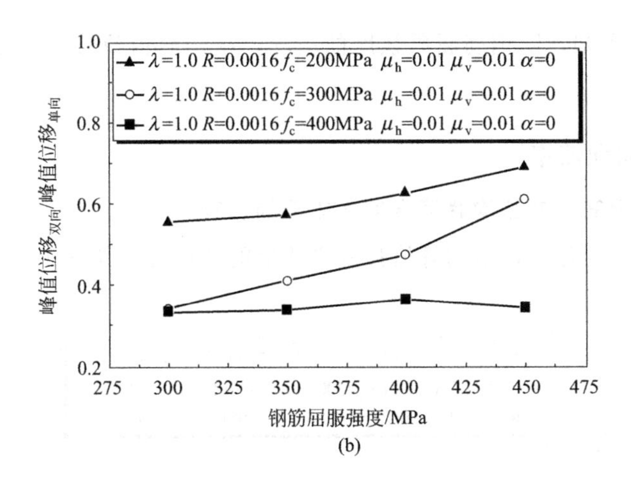

(b)

图 4-24　钢筋屈服强度对结构峰值位移之比值的影响

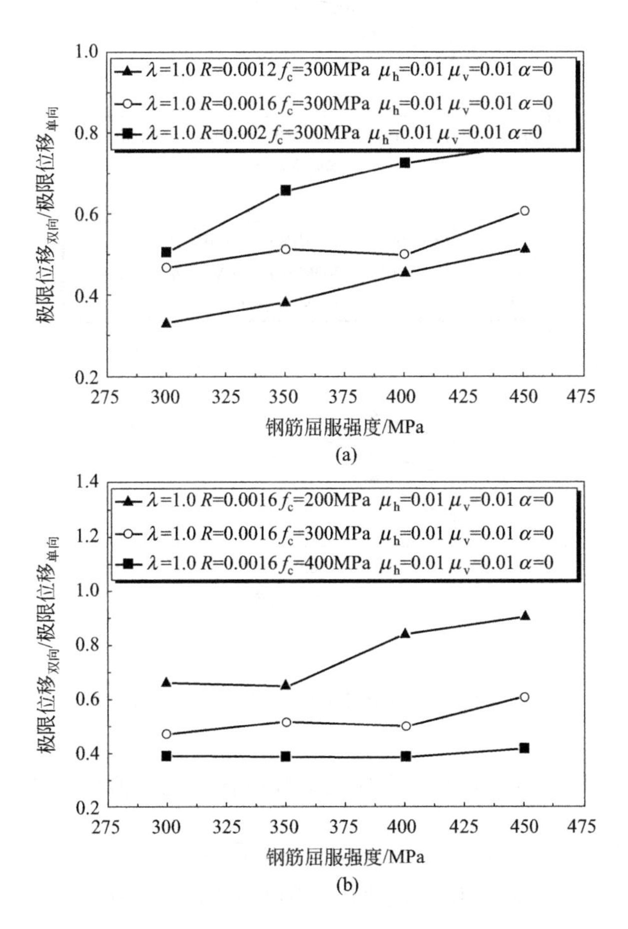

图 4-25　钢筋屈服强度对结构极限位移之比值的影响

由图 4-25 可知，随钢筋屈服强度的增加，结构峰值位移之比值呈现为线性增长的趋势。

4.3.2.5 横向配筋率

(1) 横向配筋率对结构峰值强度之比值的影响

横向配筋率变化时，结构峰值强度之比值的变化规律如图 4-26 所示。

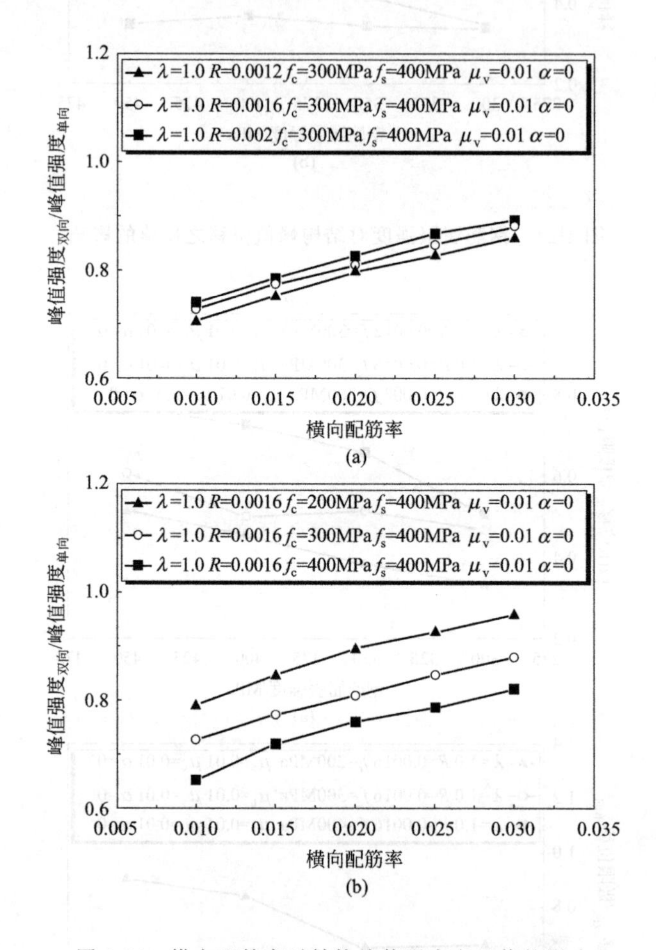

图 4-26 横向配筋率对结构峰值强度之比值的影响

由图 4-26 可知，随配筋率的增加结构峰值强度之比值成线性增加的趋势。

(2) 横向配筋率对结构峰值位移之比值的影响

横向配筋率对结构峰值位移之比值的影响如图 4-27 所示。

由图 4-27 可知，配筋率对结构峰值位移之比值的影响规律与对结构峰值强

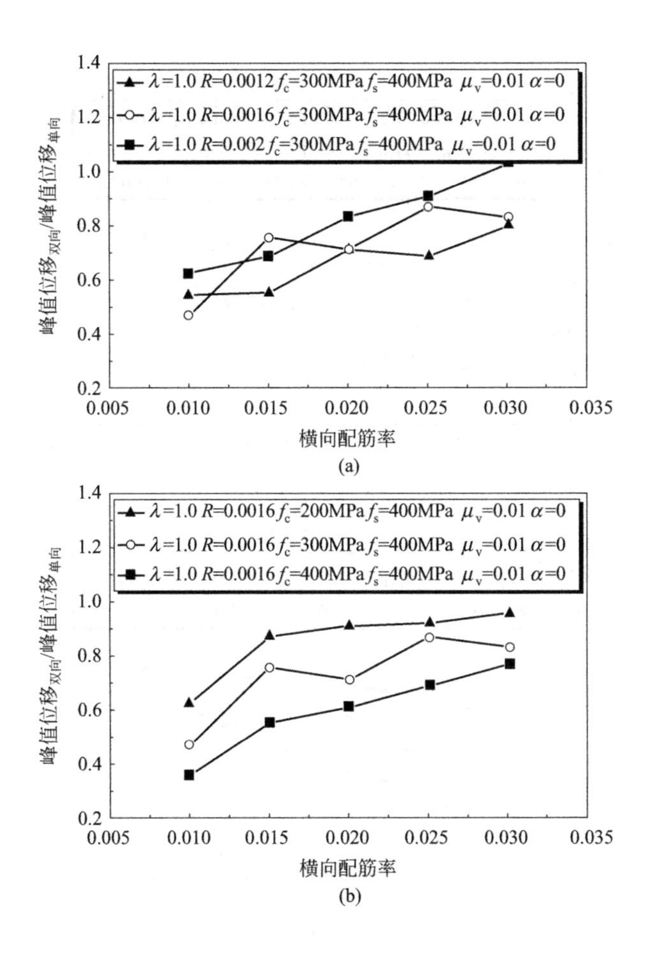

图 4-27　横向配筋率对结构峰值位移之比值的影响

度类似，峰值位移之比值与配筋率间为线性相关，但线性程度与结构峰值强度之比值相比有所减小。

(3) 横向配筋率对结构极限位移之比值的影响

结构极限位移之比值随配筋的变化如图 4-28 所示。

由图 4-28 可知，配筋率对结构极限位移的影响规律与对结构峰值强度类似，极限位移之比值与配筋率间为线性相关，但线性程度与结构峰值强度之比值相比有所减小。

4.3.2.6　纵向配筋率

(1) 纵向配筋率对结构峰值强度之比值的影响

纵向钢筋配筋率变化时，结构峰值强度之比值的变化规律如图 4-29 所示。

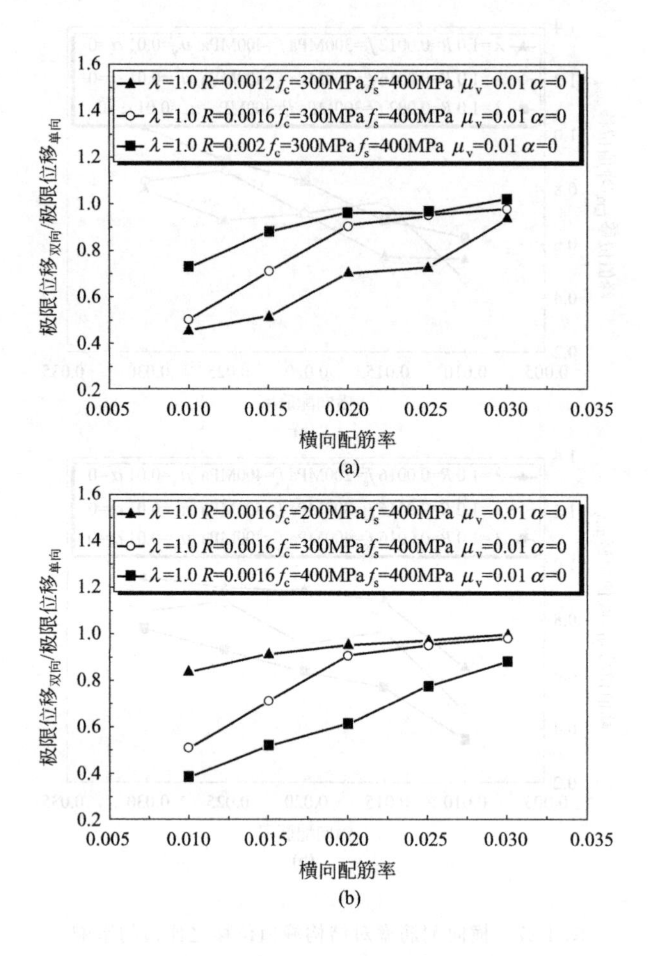

图 4-28　横向配筋率对结构极限位移之比值的影响

图 4-29 给出了纵向钢筋率在 0.01～0.03 之间变化时峰值强度比值的变化关系。由图 4-29 可知，随配筋率的增加结构峰值强度之比值成线性增加的趋势。

(2) 纵向配筋率对结构峰值位移之比值的影响

纵向配筋率对结构峰值位移之比值的影响如图 4-30 所示。

由图 4-30 可知，配筋率对结构峰值位移之比值的影响规律与对结构峰值强度类似，峰值位移之比值与配筋率间为线性相关，但线性程度与结构峰值强度相比有所减小。

(3) 纵向配筋率对结构极限位移之比值的影响

结构极限位移之比值随纵向配筋率的变化如图 4-31 所示。

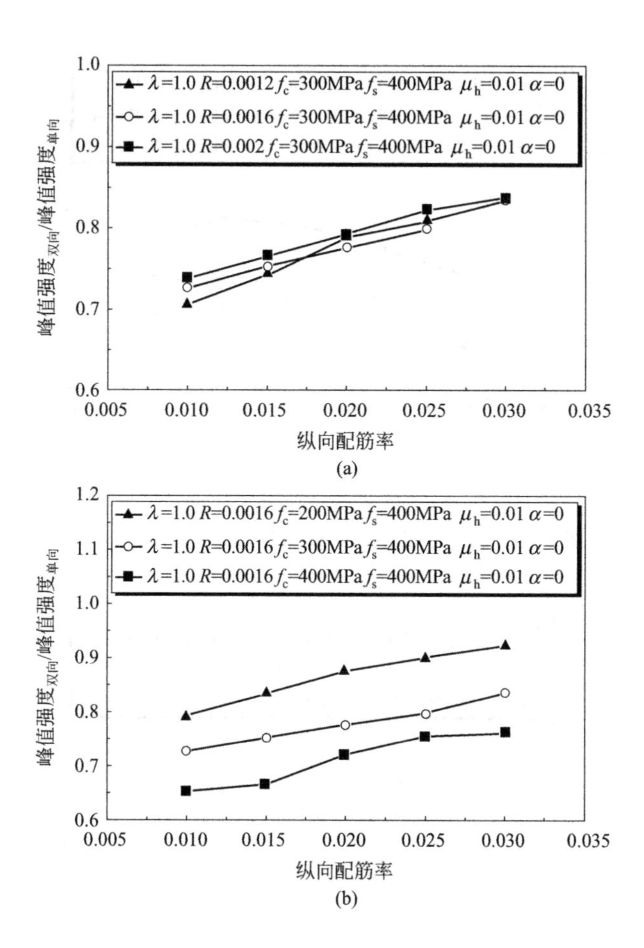

图 4-29 纵向配筋率对结构峰值强度之比值的影响

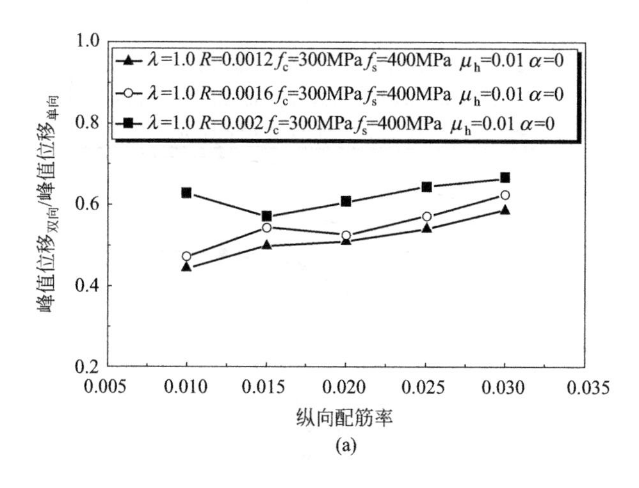

图 4-30

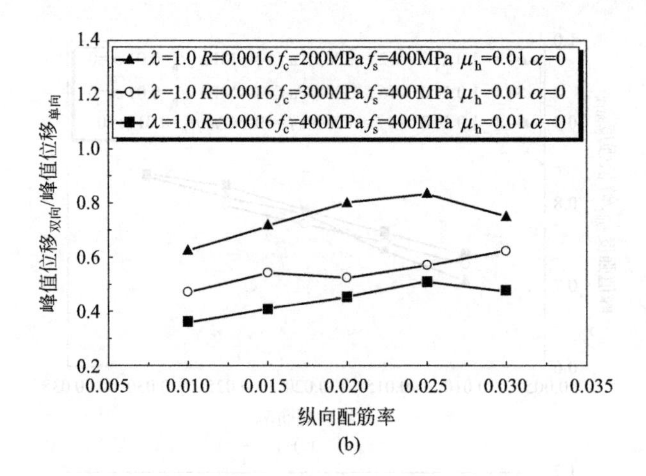

(b)

图 4-30　纵向配筋率对结构峰值位移之比值的影响

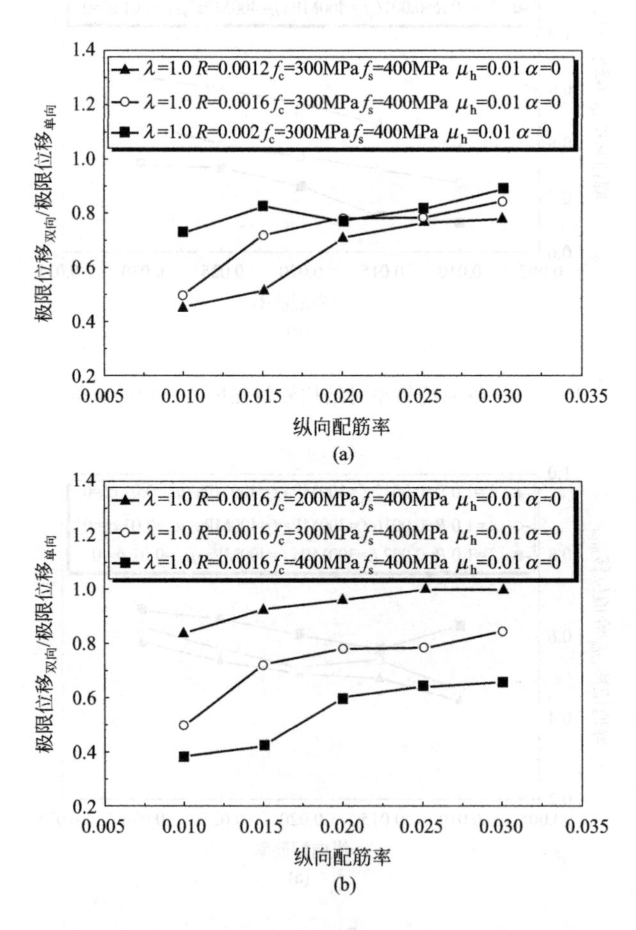

(b)

图 4-31　纵向配筋率对结构极限位移之比值的影响

由图 4-31 可知，纵向配筋率对结构极限位移之比值的影响规律与对结构峰值强度之比值类似，极限位移之比值与纵向配筋率间为线性相关，但线性程度与结构峰值强度相比有所减小。

4.3.2.7 轴压比

(1) 轴压比对结构峰值强度之比值的影响

结构强度之比值与轴压比的变化规律如图 4-32 所示。

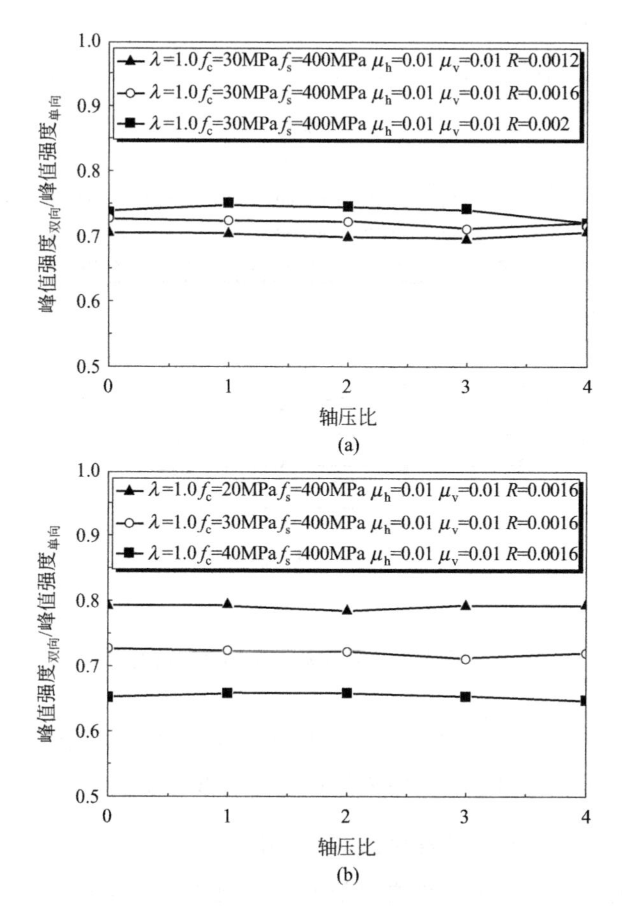

图 4-32 轴压比对结构峰值强度之比值的影响

由图 4-32 可知，结构强度之比值随轴压比的增加基本保持恒定不变，表明轴压比对于结构峰值强度之比值影响较小。

(2) 轴压比对结构峰值位移之比值的影响

结构峰值位移之比值随轴压比的变化规律如图 4-33 所示。

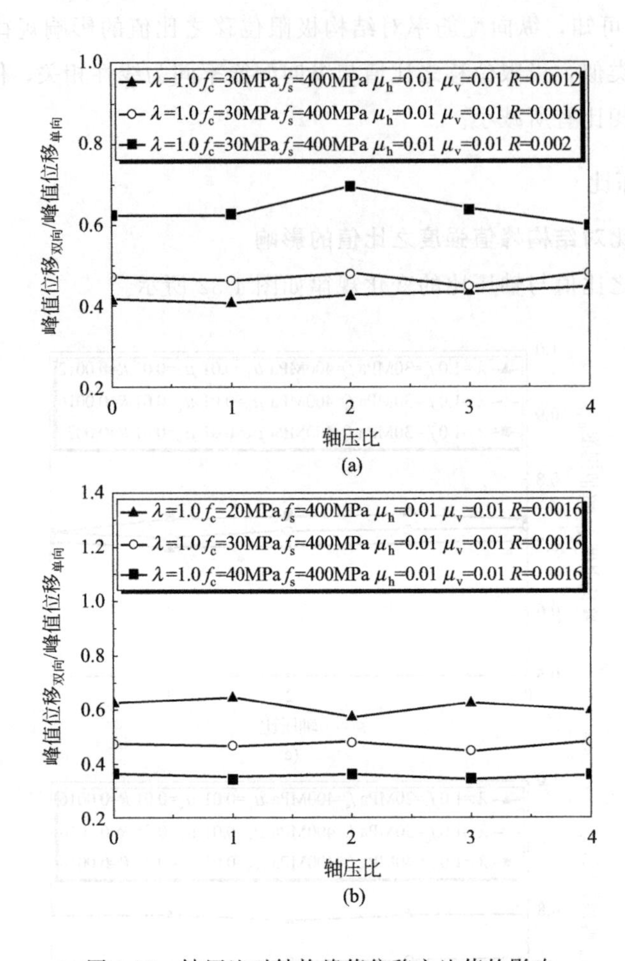

图 4-33　轴压比对结构峰值位移之比值的影响

由图 4-33 中整体变化规律可知，结构峰值位移之比值随轴压比的增加变化并不明显，表明轴压比对于结构峰值位移之比值影响较小。

(3) 轴压比对结构极限位移之比值的影响

轴压比变化时结构极限位移之比值的变化规律如图 4-34 所示。与结构峰值强度之比值和峰值位移之比值类似，结构极限位移之比值随轴压比的增加变化并不显著，表明轴压比对于结构极限位移之比值影响较小。

4.3.3　参数回归分析

核电站安全壳强度及位移的准确预测对于简化评估核电站安全壳的抗震性能非常重要。本书的目标之一是建立不同结构参数与峰值强度比值、峰值位移比值

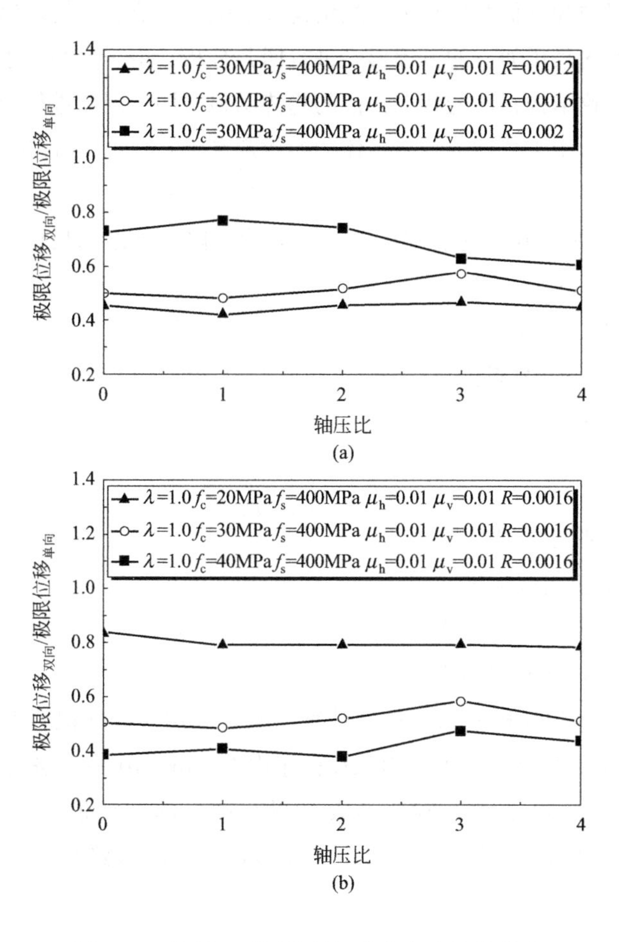

图 4-34　轴压比对结构极限位移之比值的影响

和极限位移比值的关系并提出峰值强度比值、峰值位移比值和极限位移比值的简化评估公式。需要说明的是，本书并未直接建立不同结构参数与结构峰值强度、峰值位移和极限位移的关系，这主要是因为将参数无量纲化后，易于进行参数回归分析；选用比值参数可以有效突出双向荷载路径与单向荷载路径下结构性能状态的差异。

基于各参数单独影响下的统计分析结果，对参数分析得到的骨架曲线的各性能状态进行回归分析，进而确定各性能状态的计算公式。回归分析时考虑剪跨比、横向钢筋配筋率、纵向钢筋配筋率、混凝土抗压强度、钢筋屈服强度、厚径比。由于轴压比对各性能状态之比值影响并不显著，因此轴压比并未用于参数回归分析。由前面可知，剪跨比、配筋率、混凝土抗压强度、钢筋屈服强度等参数与各性能状态比值之间均为近似线性相关，故结构峰值强度比值、结构峰值位移比值及结构极限位移比值均采用如下的方程形式进行回归分析。由于剪跨比小于 1 时与剪跨比大于 1 时所导致结构各性能状态比值的趋势明显不同，因此进行回归分析时将剪跨比按大于 1 和小于 1 分开进行。具体的参数定义见式(4-3) 和式(4-4)。

$$F=a_1+a_2\lambda+a_3R+a_4S \tag{4-3}$$

式中 F——双向荷载路径下与单向荷载路径下结构反应之比；

λ——剪跨比；

R——厚径比；

S——材料强度之比；

a_1、a_2、a_3、a_4——回归参数。

$$S=\frac{f_c}{f_s(\mu_h+\mu_v)} \tag{4-4}$$

式中 f_c——混凝土抗压强度；

f_s——钢筋屈服强度；

μ_h——横向钢筋配筋率；

μ_v——纵向钢筋配筋率。

基于以上产生的随机模型所得的计算结果，采用非线性拟合即可获得相应的回归参数。非线性拟合采用 MATLAB 程序中 lsqcurvefit 命令进行，迭代方法选用 Levenberg-Marquardt 法，其余参数选用软件中的默认值。所得回归参数见表 4-2～表 4-5。表 4-2～表 4-5 分别针对方形路径、圆形路径、菱形路径和无穷形路径的情况。

表 4-2 方形路径下回归参数

项目	剪跨比	a_1	a_2	a_3	a_4
峰值强度比值		0.971	−0.054	−0.030	−0.041
峰值位移比值	$\lambda<1$	1.133	−0.396	1.397	−0.036
极限位移比值		1.047	−0.164	2.459	−0.117
峰值强度比值		0.819	0.096	−0.161	−0.032
峰值位移比值	$\lambda>1$	0.842	0.062	−0.131	−0.084
极限位移比值		0.256	0.623	0.265	−0.036

表 4-3 圆形路径下回归参数

项目	剪跨比	a_1	a_2	a_3	a_4
峰值强度比值		1.108	−0.079	−0.477	−0.052
峰值位移比值	$\lambda<1$	1.834	−0.779	−0.742	−0.056
极限位移比值		1.156	0.297	−1.972	−0.078

续表

项目	剪跨比	a_1	a_2	a_3	a_4
峰值强度比值		0.760	0.267	−0.478	−0.056
峰值位移比值	λ>1	0.143	1.254	−4.094	0.022
极限位移比值		−1.389	1.881	−0.385	0.184

表 4-4　菱形路径下回归参数

项目	剪跨比	a_1	a_2	a_3	a_4
峰值强度比值		1.111	−0.025	−0.795	−0.036
峰值位移比值	λ<1	0.956	0.346	−3.629	0.125
极限位移比值		0.769	0.906	−4.139	−0.002
峰值强度比值		0.752	0.279	−0.471	−0.039
峰值位移比值	λ>1	1.130	0.073	−1.873	0.060
极限位移比值		−0.487	1.244	−1.434	0.187

表 4-5　无穷形路径下回归参数

项目	剪跨比	a_1	a_2	a_3	a_4
峰值强度比值		1.040	−0.136	−0.058	−0.053
峰值位移比值	λ<1	1.584	−0.496	−1.113	−0.086
极限位移比值		0.784	1.343	−4.995	−0.122
峰值强度比值		0.814	−0.048	1.055	−0.072
峰值位移比值	λ>1	0.628	−0.110	2.240	−0.076
极限位移比值		0.039	1.230	−3.807	0.096

图 4-35～图 4-37 给出了预测方程所计算结果与实际计算结果的对比。

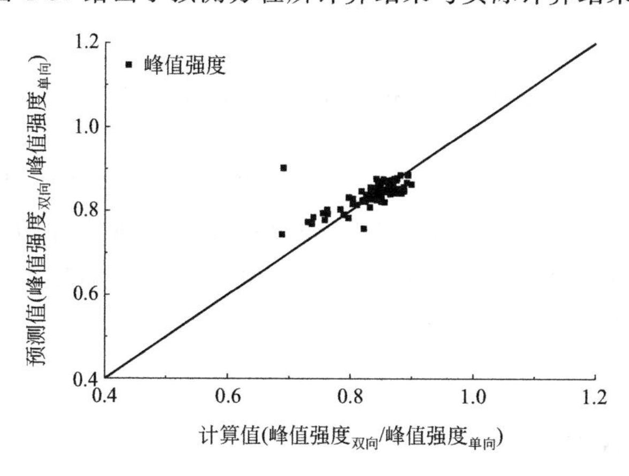

图 4-35　峰值强度计算值与预测值对比

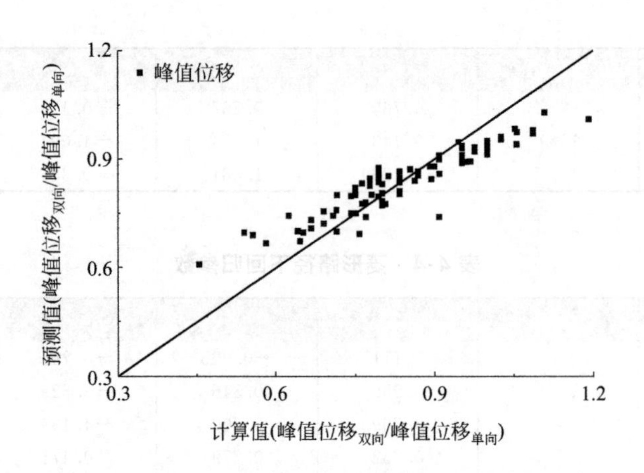

图 4-36 峰值位移计算值与预测值对比

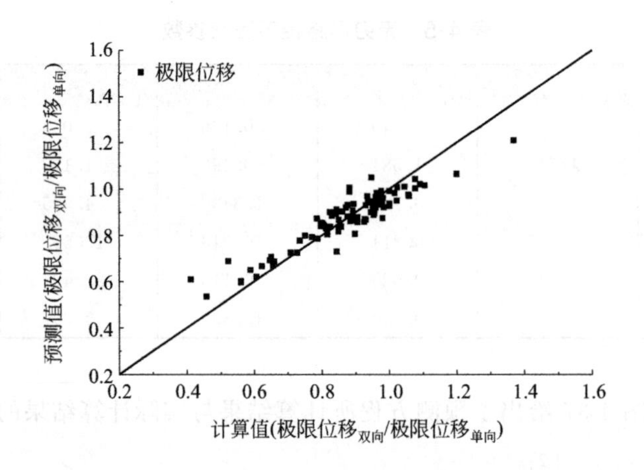

图 4-37 极限位移计算值与预测值对比

需要注意的是，图 4-35～图 4-37 中的散点与直线越接近，表明预测值与真实值越接近。从图 4-35～图 4-37 中可以看出，散点数据基本分布于直线两侧，表明预测值可近似代表真实值，同时表明预测方程在一定程度上可以近似获得峰值强度，峰值位移及极限位移比值。

4.4 本章小结

本章研究了核电站安全壳缩尺模型在单向、方形、圆形、菱形和无穷形荷载路径下的滞回性能。

① 核电站安全壳试件 1 在不同双向荷载路径下的滞回性能有较大差别，无穷形路径对试件 1 的滞回性能影响最大，菱形路径对试件 1 的滞回性能影响最小，此外，与单向加载路径相比，双向荷载路径导致核电厂安全壳试件 1 屈服以后上升段明显变缓，下降段明显提前。

② 核电站安全壳试件 1 的总基底剪力-耗散能量曲线在不同荷载路径下明显不同，当总耗散能量较小时，双向地震激励能引起比单向地震激励更大的基底反力，随着总耗散能量的增大，不同双向路径下结构基底剪力比单向路径下结构基底剪力发生更早的退化，表明复杂的荷载路径改变了结构材料的损伤状态，其能导致结构在受到同样耗散能量情况下出现更为明显的强度退化和刚度退化。

③ 本章还进行了剪跨比、厚径比、配筋率、钢筋屈服强度、混凝土抗压强度、轴压比等 7 种参数变化对结构强度比值和位移比值的影响研究，并基于参数统计分析结果建立了峰值强度比值，峰值位移比值及极限位移比值的表达式，最后通过非线性拟合方法给出了回归参数，所建立数值表达式计算结果与有限元结果吻合较好。

第5章 核电站安全壳考虑双向剪切耦合的简化模型

合理的有限元模型可以获得核电站结构可靠的地震反应数据，同时可以为建立合理的核电站结构地震易损性曲线及抗震评估提供数据支撑。本书第2章给出了可靠的核电站安全壳实体有限元建模方法，但是采用核电站安全壳实体有限元模型进行地震反应分析非常耗时，而且核电站作为一个系统不仅仅包括安全壳一个组成部分，这就成为快速评估核电站系统抗震能力的一个巨大障碍。

目前，国内外都致力于建立合理有效的核电站安全壳简化模型。核电站安全壳简化模型不仅能够在一定程度上代替实体有限元模型，而且其可以大大节省计算资源，可以较为准确地进行大量的非线性分析、参数分析，更容易把握结构的抗震性能，此外，其也可与核电站其余设备构件进行进一步的相互作用分析，为能充分认识核电站安全壳在地震作用下的抗震性能奠定基础。然而，当前研究所采用的核电站安全壳简化模型都以单轴材料为基础，仅能考虑单向地震作用，而核电站结构在实际地震作用下往往遭受多分量的地震作用，将其简化为仅能承受单向水平地震作用的模型显然不尽合理，且很可能会低估核电站安全壳在实际地震作用下的反应。基于此，本书开发了适于核电站安全壳进行双向地震加载的简化模型。

5.1 基于截面的核电站安全壳 Takeda 恢复力模型及其开发

基于截面的核电站安全壳 Takeda 恢复力模型[20] 由电能联合研究项目（Electric Power Joint Research Program）所提出。该项目分别建立了截面剪切和弯曲骨架曲线及滞回关系。图 5-1(a) 给出了截面剪切骨架曲线，其中 τ_1、τ_2 和 τ_3 以及 γ_1、γ_2 和 γ_3 按照式(5-1)～式(5-9) 建立。

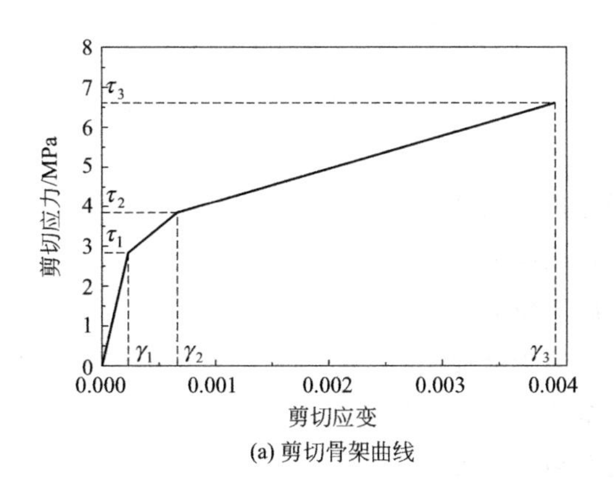

(a) 剪切骨架曲线

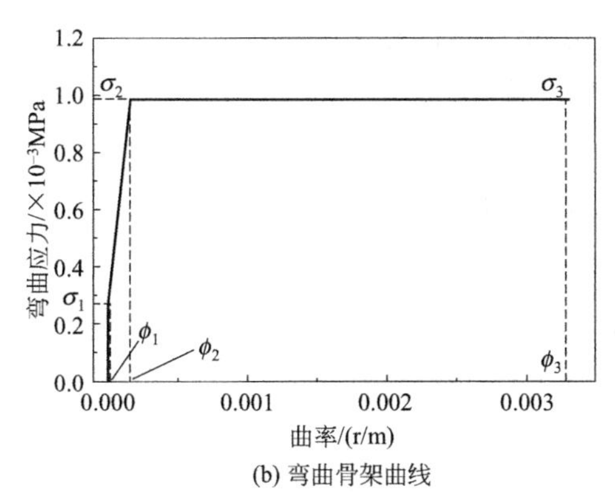

(b) 弯曲骨架曲线

图 5-1 Takeda 本构骨架曲线

$$\tau_1=\sqrt{\sqrt{f_c}(\sqrt{f_c}+\sigma_v)} \tag{5-1}$$

式中 f_c——混凝土抗压强度；

σ_v——纵向轴压应力。

$$\gamma_1=\tau_1/G \tag{5-2}$$

式中 G——混凝土剪切弹性模量。

$$\tau_2=1.35\tau_1 \tag{5-3}$$

$$\gamma_2=3\gamma_1 \tag{5-4}$$

$$当\ \tau_s<4.5\sqrt{f_c}\quad \tau_3=\left(1-\frac{\tau_s}{4.5\sqrt{f_c}}\right)\tau_0+\tau_s \tag{5-5}$$

$$\tau_0=\left(3-1.8\frac{M}{QD}\right)\sqrt{f_c} \tag{5-6}$$

$$\tau_s=\frac{P_v+P_h}{2}\sigma_y+\frac{\sigma_v+\sigma_h}{2} \tag{5-7}$$

$$\text{当}\ \tau_s \geqslant 4.5\sqrt{f_c} \quad \tau_3=4.5\sqrt{f_c} \tag{5-8}$$

$$\gamma_3=0.004 \tag{5-9}$$

式中 f_c——混凝土抗压强度；

σ_h——横向轴压应力；

σ_y——钢筋屈服应力；

D——对于方筒为沿加载方向的墙长，对于圆筒为沿加载方向的外径；

P_v、P_h——纵向钢筋和横向钢筋配筋率；

M、Q——底部弯矩和底部剪力。

图 5-1(b) 给出了截面弯曲骨架曲线，其中 σ_1、σ_2 和 σ_3 以及 ϕ_1、ϕ_2 和 ϕ_3 按照式(5-10)～式(5-14) 建立。

$$K_e=EI_e \tag{5-10}$$

式中 E——混凝土杨氏模量；

K_e——弹性刚度；

I_e——有效截面惯性矩。

$$\sigma_1=\left(f_t+\frac{N}{A_e}\right)Z_e \tag{5-11}$$

$$f_t=1.2\sqrt{f_c} \tag{5-12}$$

式中 N——轴力；

f_t——混凝土抗拉强度；

A_e——有效截面面积；

Z_e——有效截面模量。

根据 EPJR 项目，σ_2 和 ϕ_2 取为当抗拉钢筋屈服时的弯矩和曲率。σ_3 采用完全塑性模量计算。

$$\text{当}\ \phi_3<20\phi_2 \qquad \phi_3=0.004/\chi_{nu} \tag{5-13}$$

$$\text{当}\ \phi_3 \geqslant 20\phi_2 \qquad \phi_3=20\phi_2 \tag{5-14}$$

式中 χ_{nu}——极限抗压纤维至完全塑性截面中心的距离。

核电站安全壳截面弯曲及剪切滞回关系均采用指向历史最大点模型，如图 5-2 所示。

从图 5-2 可以看出，不论卸载还是再加载，运动点都指向正向或者负向的历

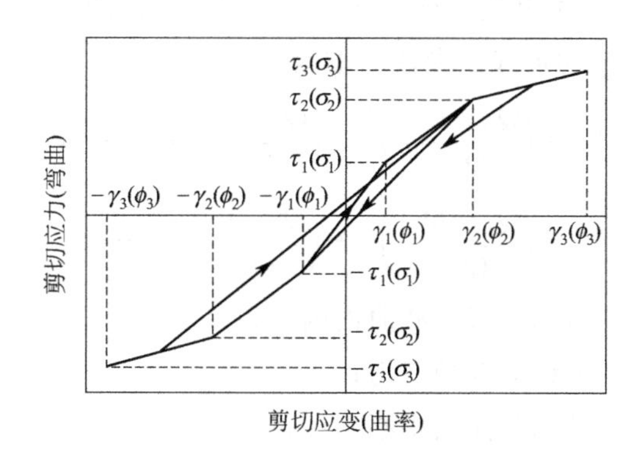

图 5-2 Takeda 本构滞回曲线

史最大点。

核电站安全壳基于截面的 Takeda 恢复力模型采用 C++语言开发，并嵌入 OpenSees 程序进行运算。Takeda 恢复力模型基于一维应变空间建立，核电站安全壳截面弯曲及剪切滞回关系均采用指向历史最大点模型。

5.2 基于截面的核电站安全壳双向剪切耦合简化模型及其开发

从 EPJR 项目所提出的 Takeda 恢复力模型可以看出，核电站安全壳具有以下受力特性：

① 核电站安全壳在水平荷载作用下具有初始到开裂、开裂到屈服和屈服到强度不断增大三个阶段；

② 核电站安全壳在滞回作用下始终指向正向或者负向的历史最大点；

③ 卸载后未恢复的塑性变形较小，即接近原点。

本书所提出的基于截面的核电站安全壳双向剪切耦合简化模型是经 EPJR 项目所提出的 Takeda 恢复力模型拓展得出，该模型基于加载曲面函数、加载曲面的移动规则、塑性流动法则和加载本构关系建立。

5.2.1 开裂及屈服加载曲面函数

根据过去针对柱双向弯曲的试验研究，柱在双向弯曲作用下双轴强度相互作用关系可近似采用式(5-15) 和式(5-16) 的形式。经验方程中的参数 n 通常在 1.0～2.0 之间，并且一定程度上依赖于轴压强度的大小。由于缺乏构件或结构双向剪切的试验资料，本书建立核电站安全壳双向剪切的塑性硬化标准仍然采用式(5-15) 和式(5-16) 的形式。参数 n 取为 2.0。

$$F_c=\left(\frac{Q_x-Q_{cx}}{Q_{ocx}}\right)^n+\left(\frac{Q_y-Q_{cy}}{Q_{ocy}}\right)^n-1=0 \tag{5-15}$$

$$F_y=\left(\frac{Q_x-Q_{yx}}{Q_{oyx}}\right)^n+\left(\frac{Q_y-Q_{yy}}{Q_{oyy}}\right)^n-1=0 \tag{5-16}$$

式中 F_c、F_y——开裂和屈服加载曲面函数；

Q_x、Q_y——x 轴和 y 轴的剪力；

Q_{cx}、Q_{cy}——开裂加载曲面中心坐标；

Q_{yx}、Q_{yy}——屈服加载曲面中心坐标；

Q_{ocx}、Q_{ocy}——单轴加载时 x 轴和 y 轴的开裂剪力；

Q_{oyx}、Q_{oyy}——单轴加载时 x 轴和 y 轴的屈服剪力。

基于以上定义的两个公式，核电站安全壳在双向剪切作用下具有以下三个加载段。

① 弹性段：$F_c<0$。

② 开裂段：$F_c\geqslant 0$ 并且 $F_y<0$。

③ 屈服段：$F_c\geqslant 0$ 并且 $F_y\geqslant 0$。

5.2.2 加载曲面的移动规则

当加载点处于开裂加载曲面内时，截面处于弹性受力状态。加载点超过开裂加载曲面上，截面开始开裂。如果继续加载，开裂加载中心将会发生移动。为了有效考虑加载过程中加载点始终指向历史最大点，本书假定当前步的开裂加载中心在上一步开裂加载中心和上一步历史最大点之间的延长线上。开裂加载中心按照式(5-17) 确定。

$$\{dQ_c\}=(\{Q\}-\{Q_c\})d\lambda\ (d\lambda\geqslant 0) \tag{5-17}$$

式中 $\{dQ_c\}$——$\begin{Bmatrix} dQ_{cx} \\ dQ_{cy} \end{Bmatrix}$；

$\{Q\}$——$\begin{Bmatrix} Q_x \\ Q_y \end{Bmatrix}$；

$\{Q_c\}$——$\begin{Bmatrix} Q_{cx} \\ Q_{cy} \end{Bmatrix}$；

$d\lambda$——开裂硬化参数。

当加载点到达屈服曲面时，截面发生屈服。若继续加载，屈服加载中心将会发生移动。与开裂加载中心移动类似，为了有效考虑加载过程中加载点始终指向历史最大点，本书假定当前步的屈服加载中心在上一步屈服加载中心和上一步历史最大点之间的延长线上。屈服加载中心按照式(5-18) 确定。

$$\{dQ_y\}=(\{Q\}-\{Q_y\})d\mu(d\mu\geqslant 0) \tag{5-18}$$

式中 $\{dQ_y\}$——$\begin{Bmatrix} dQ_{yx} \\ dQ_{yy} \end{Bmatrix}$；

$\{Q_y\}$——$\begin{Bmatrix} Q_{yx} \\ Q_{yy} \end{Bmatrix}$；

$d\mu$——屈服硬化参数。

图 5-3 和图 5-4 分别给出了双向剪切开裂硬化和屈服硬化示意图。由图可见，剪应力中心坐标增量在上步剪应力与上步剪应力中心坐标连线上。进一步观察可发现，双向剪切开裂硬化类似于随动硬化准则，而双向剪切屈服硬化并不同

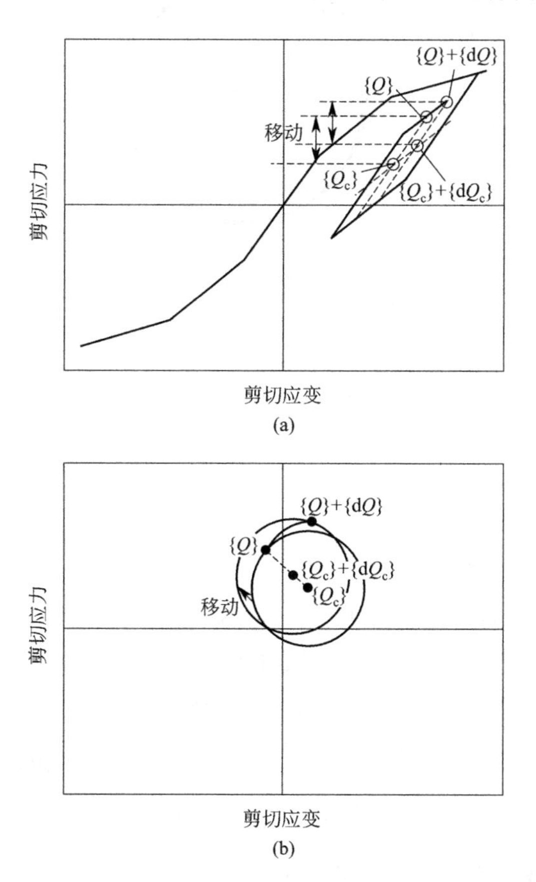

图 5-3　双向剪切开裂示意

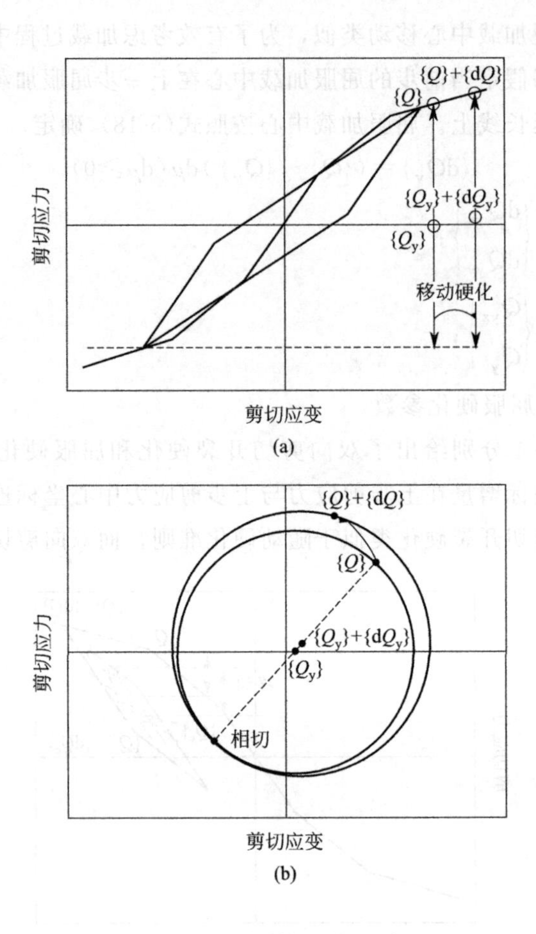

图 5-4 双向剪切屈服示意

于各向强化硬化准则。

5.2.3 塑性流动法则

假定塑性流动沿加载曲面上加载点处的法线方向，而塑性变形为加载点的加载曲面产生的塑性变形之和，因此可以得到：

$$\{d\nu_p\}=\left[\sum_i \frac{\left(\dfrac{\partial F_i}{\partial\{Q\}}\right)\left(\dfrac{\partial F_i}{\partial\{Q\}}\right)^{\mathrm{T}}}{\left(\dfrac{\partial F_i}{\partial\{Q\}}\right)^{\mathrm{T}}[K\nu_i]\left(\dfrac{\partial F_i}{\partial\{Q\}}\right)}\right]\{dQ\} \tag{5-19}$$

式中 $\{d\nu_p\}$——总塑性变形增量向量；

$[K\nu_i]$——塑性刚度矩阵。

5.2.4 双向剪切本构关系

双向剪切本构关系分为以下 3 个状态确定。

① 弹性状态：

$$\{d\gamma\}=[K_e]^{-1}\{dQ\} \tag{5-20}$$

② 开裂状态：

$$\{d\gamma\}=\left[[K_e]^{-1}+\frac{\left(\frac{\partial F_c}{\partial\{Q\}}\right)\left(\frac{\partial F_c}{\partial\{Q\}}\right)^T}{\left(\frac{\partial F_c}{\partial\{Q\}}\right)^T[K_c]\left(\frac{\partial F_c}{\partial\{Q\}}\right)}\right]\{dQ\} \tag{5-21}$$

③ 屈服状态：

$$\{d\gamma\}=\left\{(K_e]^{-1}+\frac{\left(\frac{\partial F_c}{\partial\{Q\}}\right)\left(\frac{\partial F_c}{\partial\{Q\}}\right)^T}{\left(\frac{\partial F_c}{\partial\{Q\}}\right)^T[K_c]\left(\frac{\partial F_c}{\partial\{Q\}}\right)}+\frac{\left(\frac{\partial F_y}{\partial\{Q\}}\right)\left(\frac{\partial F_y}{\partial\{Q\}}\right)^T}{\left(\frac{\partial F_y}{\partial\{Q\}}\right)^T[K_y]\left(\frac{\partial F_y}{\partial\{Q\}}\right)}\right\}\{dQ\} \tag{5-22}$$

式中 $\{d\gamma\}$——截面剪应变增量向量；

$[K_e]$——截面弹性刚度矩阵；

$[K_c]$——截面开裂塑性刚度矩阵；

$[K_y]$——截面屈服塑性刚度矩阵。

将式(5-20)～式(5-22) 应用于单轴本构模型，进而获得截面刚度表达式，见式(5-23)～式(5-25)。

① 弹性状态：

$$[K_e]=\begin{bmatrix} x_d\cdot E_{x1} & 0 \\ 0 & y_d\cdot E_{y1}\end{bmatrix} \tag{5-23}$$

② 开裂状态：

$$[K_c]=\begin{bmatrix} x_d\cdot(x_\beta^{-1}-1)^{-1}\cdot E_{x1} & 0 \\ 0 & y_d\cdot(y_\beta^{-1}-1)^{-1}\cdot E_{y1}\end{bmatrix} \tag{5-24}$$

③ 屈服状态：

$$[K_y]=\begin{bmatrix} (x_p^{-1}-x_d^{-1}\cdot x_\beta^{-1})^{-1}\cdot E_{x1} & 0 \\ 0 & (y_p^{-1}-y_d^{-1}\cdot y_\beta^{-1})^{-1}\cdot E_{y1}\end{bmatrix} \tag{5-25}$$

式中 x_d——x 轴刚度退化系数；

y_{d}——y 轴刚度退化系数；

E_{x1}——x 轴弹性刚度；

E_{y1}——y 轴弹性刚度；

x_{β}——x 轴开裂刚度与弹性刚度的比值；

y_{β}——y 轴开裂刚度与弹性刚度的比值；

x_{p}——x 轴屈服刚度与弹性刚度的比值；

y_{p}——y 轴屈服刚度与弹性刚度的比值。

双轴刚度退化系数按式(5-26) 和式(5-27) 进行计算。

$$x_{\mathrm{d}}=[1+x_{\alpha}/x_{\mathrm{p}}(\sqrt{s}-1)]^{-1} \tag{5-26}$$

$$y_{\mathrm{d}}=[1+y_{\alpha}/y_{\mathrm{p}}(\sqrt{s}-1)]^{-1} \tag{5-27}$$

式中 x_{α}——x 轴屈服割线刚度退化比，见式(5-28)；

y_{α}——y 轴屈服割线刚度退化比，见式(5-29)；

s——双轴刚度退化系数参数，见式(5-30)。

$$x_{\alpha}=1/[(1-Q_{\mathrm{ocx}}/Q_{\mathrm{oyx}})/x_{\beta}+Q_{\mathrm{ocx}}/Q_{\mathrm{oyx}}] \tag{5-28}$$

$$y_{\alpha}=1/[(1-Q_{\mathrm{ocy}}/Q_{\mathrm{oyy}})/y_{\beta}+Q_{\mathrm{ocy}}/Q_{\mathrm{oyy}}] \tag{5-29}$$

$$\mathrm{d}\sqrt{s}=\sqrt{\frac{\mathrm{d}Q_{\mathrm{yx}}^{2}}{Q_{\mathrm{oyx}}^{2}}+\frac{\mathrm{d}Q_{\mathrm{yy}}^{2}}{Q_{\mathrm{oyy}}^{2}}} \tag{5-30}$$

核电站安全壳基于截面的双向剪切耦合简化模型采用 C++语言开发，并嵌入 OpenSees 程序进行运算。该模型基于二维应力空间并基于应力折回算法建立，刚度及应力基本方程按照式(5-15)～式(5-30) 编写。

5.2.5 基于 OpenSees 平台的核电站安全壳双向剪切耦合简化模型的开发

精确的材料或截面本构模型是进行结构及构件抗震性能分析的基础，同样的具有强大的非线性分析能力且分析结果精确可靠的有限元分析软件是进行钢筋混凝土结构和构件抗震性能分析的前提。本书后续分析工作均是采用 OpenSees 有限元软件进行。OpenSees 是一个开源的结构地震仿真平台，其具有强大的非线性静力和动力分析功能；软件源代码采用 C++程序语言编写，而软件面向对象的分层构架体系允许使用者添加新的材料或者单元部件到软件中。由于软件的各种材料和单元等部分均是相互独立的，故添加的材料或单元可以无缝地应用于已有模块中。对于双向截面材料，OpenSees 软件中仅有一种材料模型，即 Bidirectional 材料模型，但是该材料模型仅可定义简单的双线性材料，而其加卸载滞回规则还是采用简化的弹性卸载及再加载，并未考虑核电站安全壳在实际水平荷载作用下刚度及强度的退化。

因此，本书将建立的核电站安全壳考虑双向剪切耦合的截面模型，采用C++语言编写源代码，将其添加到 OpenSees 平台中，为精确及高效地模拟核电站安全壳的抗震性能奠定基础。图 5-5 和图 5-6 所示为添加的 BidirectionNPP 材料与已有 Bidirectional 材料模型的比较。由图比较可知，已有 Bidirectional 材料模型不能反映核电站安全壳开裂及屈服的受力行为，且其卸载刚度及再加载刚度均为弹性刚度，不能有效模拟其刚度退化行为；而添加的 BidirectionNPP 材料则能较真实地反映其截面的应力-应变关系。为提高计算效率和计算稳定性，BidirectionNPP 材料采用较为通用的应力折回法进行编程，刚度矩阵采用每一步计算的塑性刚度矩阵进行迭代运算。

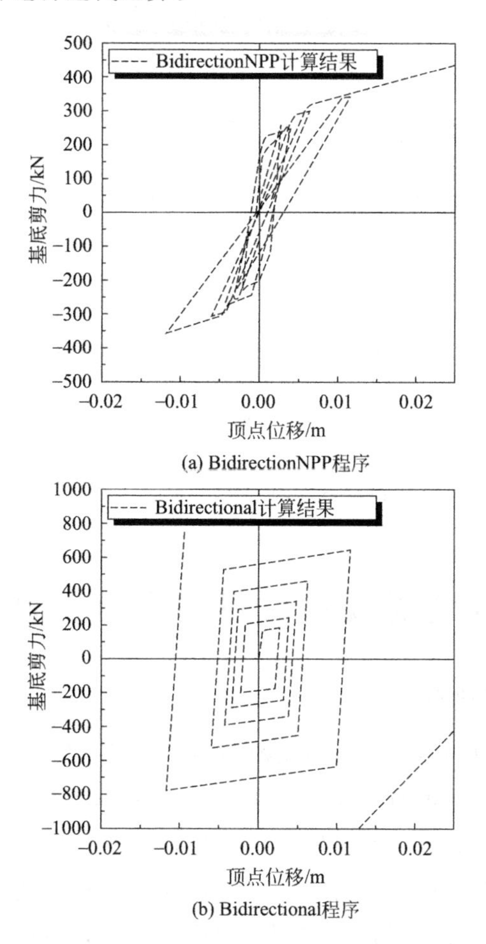

图 5-5　试件 1 采用 BidirectionNPP 程序和 Bidirectional 程序推覆结果对比

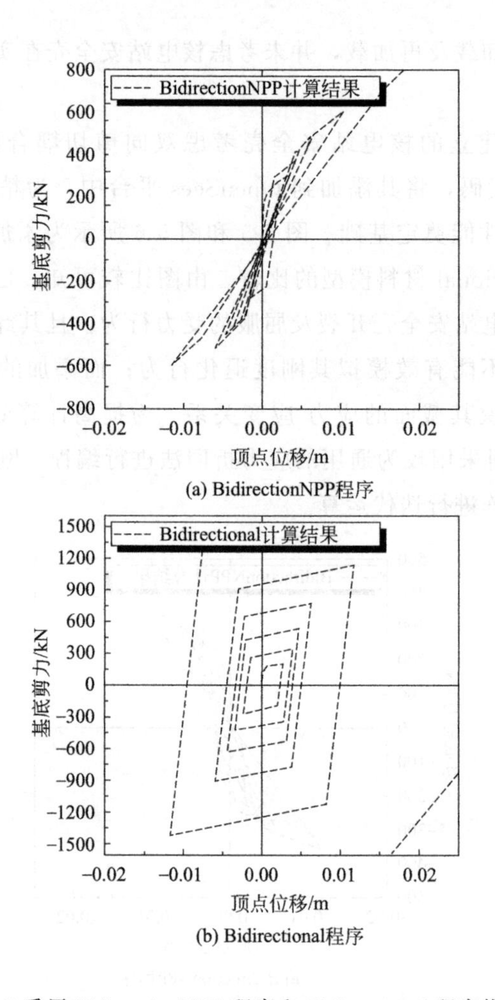

图 5-6　试件 2 采用 BidirectionNPP 程序和 Bidirectional 程序推覆结果对比

5.3 核电站安全壳双向剪切耦合简化模型验证

5.3.1 简化模型建立

核电站安全壳双向剪切耦合简化模型的验证通过第 2 章所用核电站安全壳缩尺试验来进行。与一般有限元模型建立方法一样，首先需要建立模型的节点及单元。由于将其简化为一个悬臂梁，因此只需要建立两个节点并将其连接成单元即可，如图 5-7 所示。截面属性由剪切性质，轴向性质和弯曲性质组成。通常，核电站安全壳在水平地震作用下以受剪为主，弯曲成分占据比例较小，因此截面弯曲属性设为弹性。同样，核电站安全壳轴向属性也定义为弹性。截面弯曲属性与轴向属性如表 5-1 所列。截面剪切属性由开发程序 Bidirection-NPP 定义，开裂力、屈服力以及极限力等参数通过式(5-1)～式(5-14) 进行计算，具体计算结果如表 5-2 所列。核电站安全壳截面弯曲，轴向及剪切属性通过 Section Aggregator 进行集成。悬臂梁高斯积分点经过多次计算比较后定为 5。

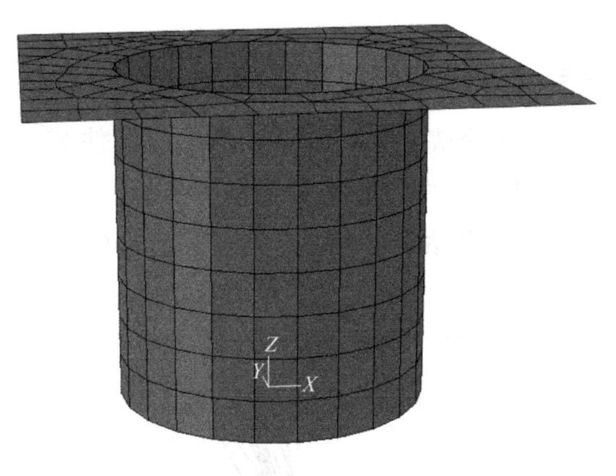

(a) 有限元模型

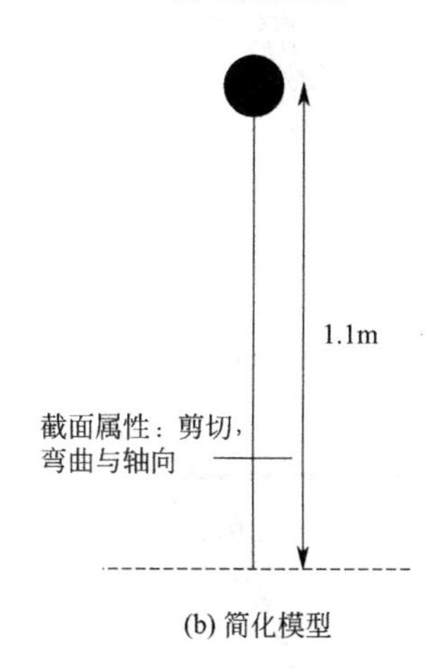

(b) 简化模型

图 5-7 钢筋混凝土筒体有限元模型及简化模型

表 5-1 试验模型集中质量模型信息

序号	高度/m	面积/mm^2	剪切面积/mm^2	惯性矩/mm^4
试件 1	1.1m	214776	107388	3.49870×10^{10}
试件 2	1.1m	214776	107388	3.49870×10^{10}

表 5-2　试验模型集中质量模型剪切非线性属性

序号	开裂力/kN	开裂应变	屈服力/kN	屈服应变	极限力/kN	极限应变
试件 1	162.8	0.00013	219.8	0.00039	425.1	0.004
试件 2	170.5	0.00015	230.2	0.00045	663.8	0.004

5.3.2　简化模型与试验单向推覆对比

图 5-8 给出了核电站安全壳缩尺试验（试件 1 与试件 2）与所开发的简化模型在相同滞回路径下所得结果的对比。

由图 5-8 可以看出，核电站安全壳基于截面的简化模型数据结果与试验数据

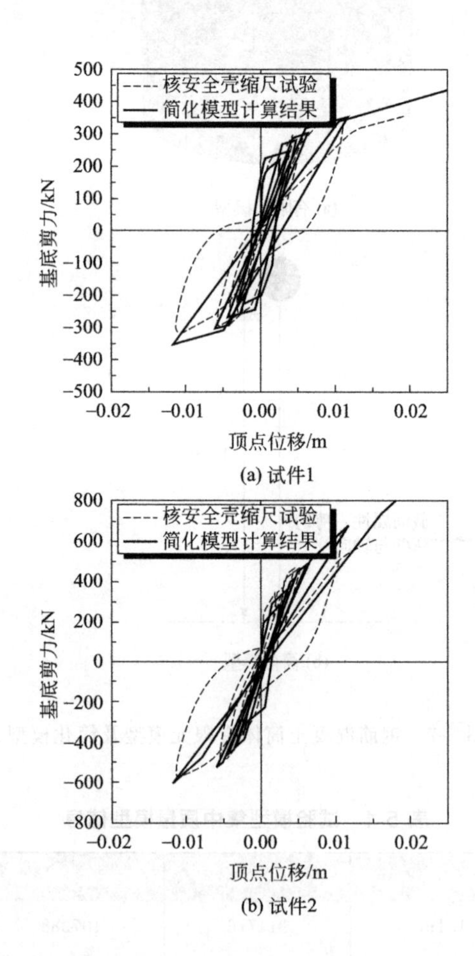

图 5-8　核电站安全壳缩尺试验与简化模型在单向荷载下所得结果的对比图

结果趋势基本一致，受力荷载及位移延性基本相同，表明所开发程序可以很好地模拟结构在单向推覆下的受力行为，由此也可在一定程度上证明所开发程序的可靠性与适用性。

5.3.3 简化模型与实体有限元模型双向推覆对比

在比较了简化模型与试验在单向推覆下的对比后，还应进行简化模型与试验在双向推覆下的对比，但是由于缺乏相关试验资料及数据，本书采用简化模型与验证过的实体有限元模型进行双向推覆对比。图 5-9～图 5-12 分别给出了核电站安全壳试件 1 与简化模型在方形荷载路径、圆形荷载路径、菱形荷载路径及无穷形荷载路径下所得结果的对比。

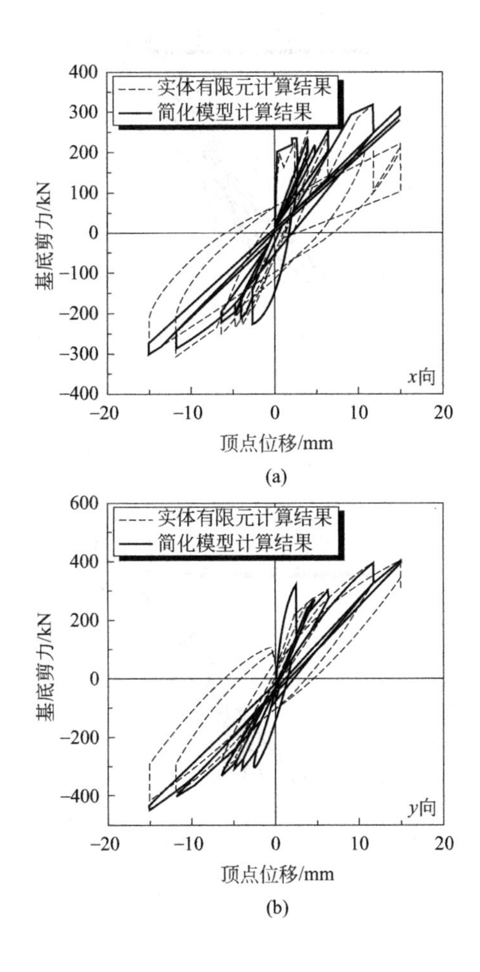

图 5-9　核电站安全壳试件 1 实体有限元模型与简化模型在方形荷载下所得结果的对比图

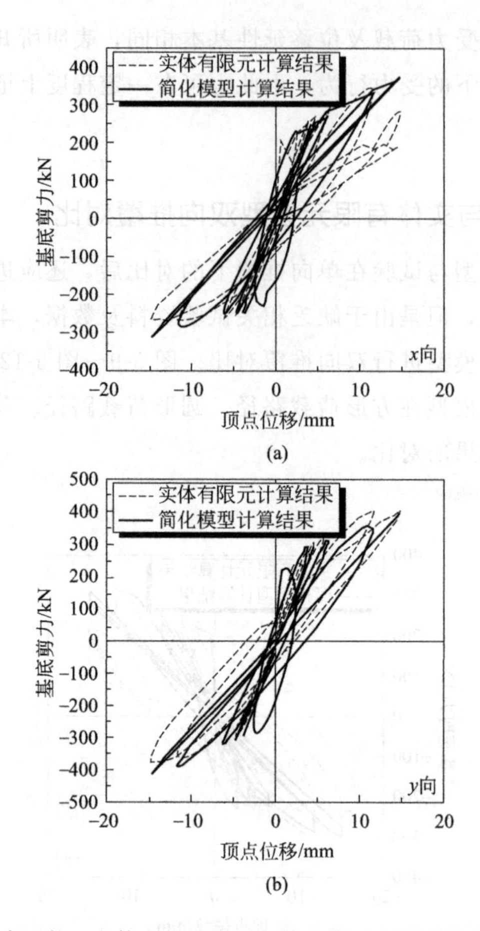

图 5-10　核电站安全壳试件 1 实体有限元模型与简化模型在圆形荷载下所得结果的对比图

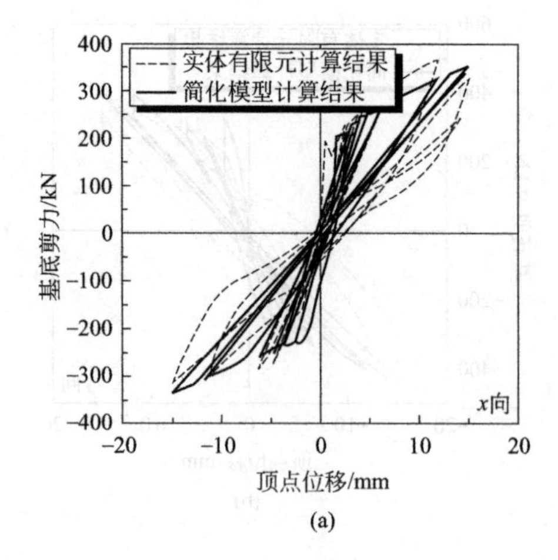

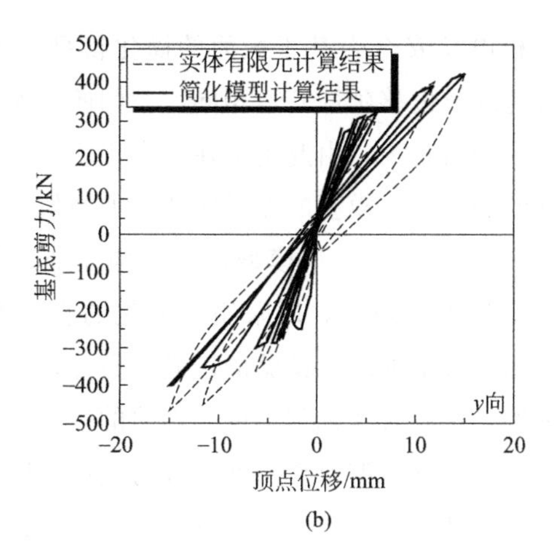

(b)

图 5-11　核电站安全壳试件 1 实体有限元模型与简化模型在菱形荷载下所得结果的对比图

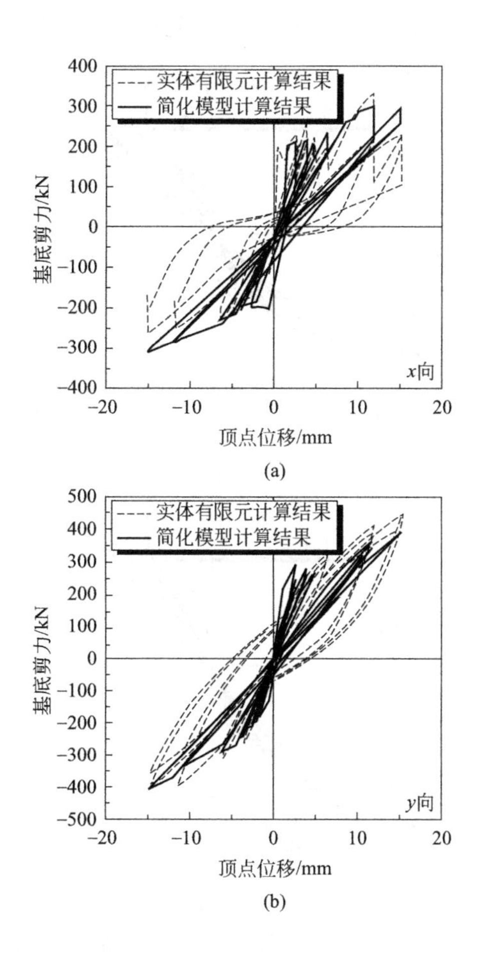

(a)

(b)

图 5-12　核电站安全壳试件 1 实体有限元模型与简化模型在无穷形荷载下所得结果的对比图

从图中可以看出，核电站安全壳基于截面的简化模型数据结果与数值模拟结果趋势基本一致，受力荷载及位移延性基本相同，表明所开发程序可以很好地模拟结构在双向荷载路径下的受力行为，由此也可在一定程度上证明所开发程序的可靠性与适用性。值得注意的是，简化模型的滞回曲线不如数值模拟结果饱满，这是由于所采用的简化模型是 Takeda 模型，该模型认为结构在加卸载过程中，加载点始终指向正向或负向的历史最大加载点，即采用了简化的直线模拟结构的加卸载过程，因此简化模型的滞回曲线不如缩尺试验的饱满。另外，所提出的简化模型将截面弯曲及轴向定义为弹性，并没有考虑其与剪切性质的耦合，因此所得结果可能与实际受力行为有偏差。由于简化模型所得滞回曲线与实体有限元所得滞回曲线在承载力水平上基本一致，并且计算效率大大提高（简化模型所需时间平均为实体模型所需时间的 1/720），因此简化模型在工程应用中更具有应用性。

图 5-13～图 5-16 分别给出了核电站安全壳试件 2 与简化模型在方形荷载路

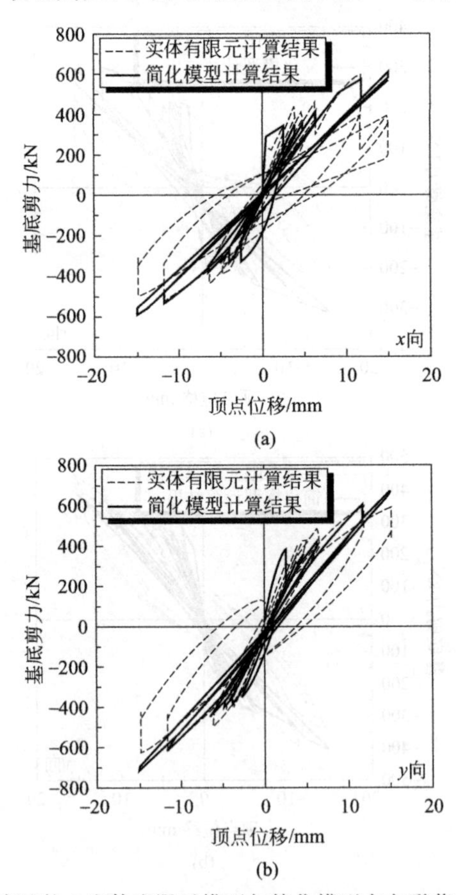

图 5-13　核电站安全壳试件 2 实体有限元模型与简化模型在方形荷载下所得结果的对比图

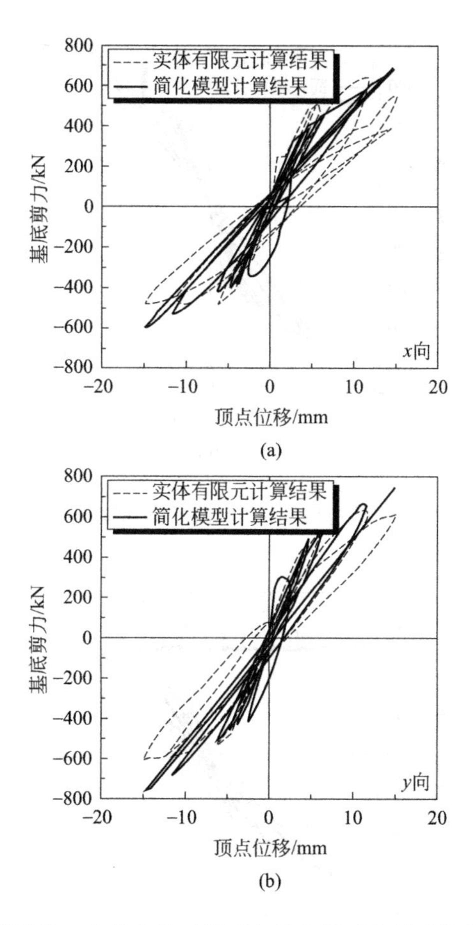

(b)

图 5-14　核电站安全壳试件 2 实体有限元模型与简化模型在圆形荷载下所得结果的对比图

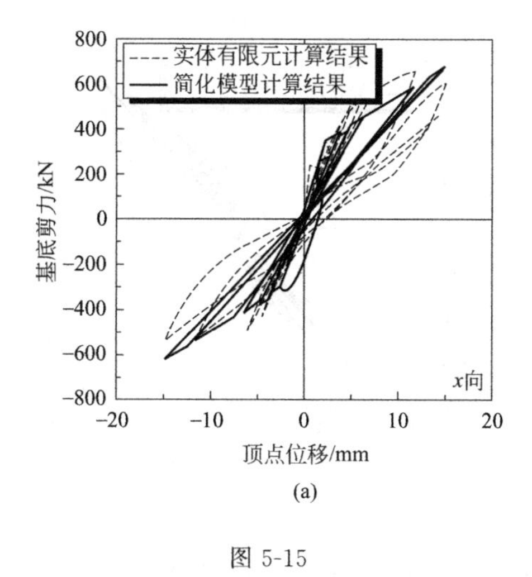

(a)

图 5-15

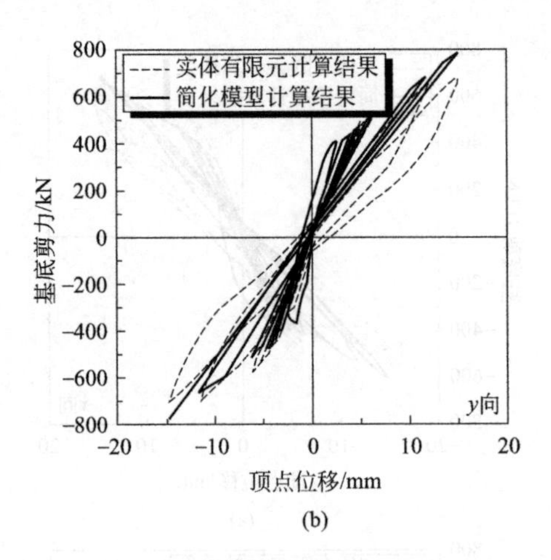

(b)

图 5-15　核电站安全壳试件 2 实体有限元模型与简化模型在菱形荷载下所得结果的对比图

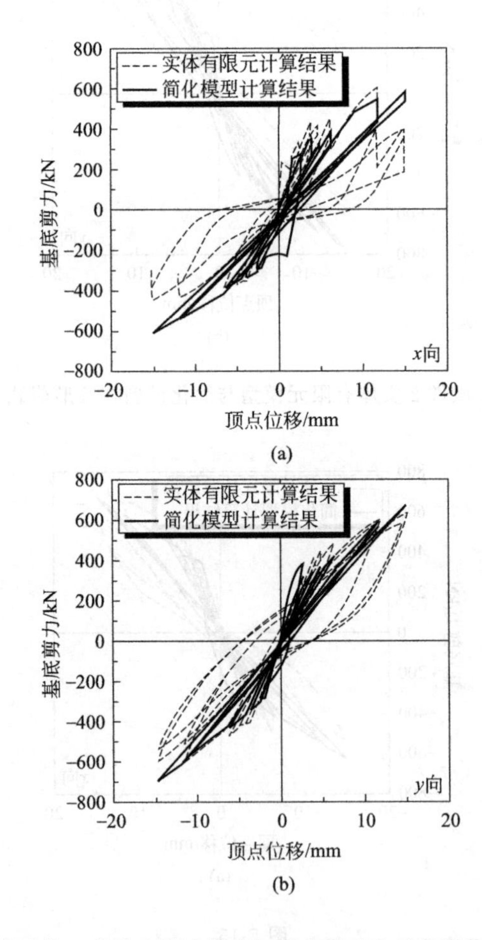

(b)

图 5-16　核电站安全壳试件 2 实体有限元模型与简化模型在无穷形荷载下所得结果的对比图

径、圆形荷载路径、菱形荷载路径及无穷形荷载路径下所得结果的对比。与试件1类似，核电站安全壳基于截面的简化模型数据结果与数值模拟数据结果趋势基本一致，受力荷载及位移延性基本相同。由试件1与试件2实体有限元模型与简化模型的对比可知，所开发的简化模型在应用于不同尺寸与参数的核电站安全壳上具有一定普适性。

需要注意的是，本书仅仅考虑了剪切耦合作用，而实际上核电站安全壳由于几何尺寸不同，结构剪跨比可能有较大不同，弯矩成分可能占据较大比例，此时弯剪耦合或者弯弯耦合将可能起控制作用。

5.4 本章小结

本章建立了合理有效的核电站安全壳简化模型，因为其不仅能够在一定程度上代替实体有限元模型，而且可以大大节省计算资源，更为重要的是，合理可靠的核电站安全壳简化模型还能较快并准确地把握结构的抗震性能。

① 介绍了电能联合研究项目（Electric Power Joint Research Program）所提出的并已经被广泛应用的核电站安全壳 Takeda 恢复力模型，并基于 OpenSees 软件开发其源代码，为开发能够用于双向加载的核电站安全壳恢复力模型奠定了基础。

② 在基于截面的核电站安全壳 Takeda 恢复力模型的基础上，利用 OpenSees 平台开发了可以考虑双向加载的本构关系，其代码为 BidirectionNPP，与 OpenSees 自带 Bidirectional 材料模型相比，所开发材料模型能更加有效地模拟材料的刚度及强度退化。

③ 与核电站安全壳缩尺试验进行对比，基于截面的简化模型数据结果与试验数据结果趋势基本一致，受力荷载及位移延性基本相同，表明所开发程序可以很好地模拟结构在单向推覆下的受力行为。与核电站安全壳实体有限元模型进行对比，验证了所开发的基于截面的剪切耦合的简化模型应用于不同双向路径下的有效性及合理性，为进行大量可靠的动力时程分析奠定了基础。

第6章 核电站安全壳双向地震易损性分析及 HCLPF 能力评估

地震易损性分析可以预测结构在不同等级地震作用下发生各级破坏的概率，因此对结构的抗震设计、加固和维修决策具有重要的应用价值。核电站地震易损性评估是从概率角度确定核电站的抗震性能，并且已经成为核电站抗震性能评估的重要工具。传统的地震易损性分析方法基本分为以下步骤：

① 确定场地地震危险水平；

② 根据场地地震危险性确定足够数量并能反应场地地震水平的地震动；

③ 建立核电站模型并进行地震反应分析；

④ 利用有关概率理论建立核电站失效概率与其抵抗地震大小的关系，并将其以曲线的形式表示。

目前，国内外都致力于提出准确合理的易损性函数用于评估已建以及在建的核电站，然而绝大多数研究都采用了单向地震输入，且并未讨论过表征核电站抗震能力的地震动强度指标的选择问题。在此基础上，本书沿用传统的地震易损性分析方法进行核电站安全壳的地震易损性评估，所不同的是采用双向地震动进行输入，研究双向地震强度与结构反应的相关性并以此确定具有代表性的双向地震强度，最后用选定的双向地震强度指标评定核电站安全壳的 HCLPF 能力值。

6.1 地震动记录的挑选

核电站安全壳地震易损性分析需要进行地震动的挑选。所选地震动为从太平洋地震工程中心（Pacific Earthquake Engineering Research Center，PEER）选出的 12 对满足震级范围在 5.0～8.0、断层距在 0.0～100.0km 以及场地剪切波速在 600～2000km 的地震动时程，具体地震动信息见第 3 章。

6.2 双向地震动强度表达

如何用地震动强度表征结构的破坏是一个重要的研究课题。合理的地震动强度更能准确地预测结构在地震下的反应并有效地评估其真实能力。实际地震动通常由三向加速度记录仪（两个水平方向和一个竖直方向）进行记录。两个水平方向分量的地震动的方位角是随机的，通常正北方向为一个分量、正东方向为一个分量。理论上，加速度反应谱由单一方向地震动计算而得。但是，对于双向地震动，任何单一方向的地震动强度均不能代表双向地震动的强度。因此，几何均值谱最早被提出用来定义双向地震动的强度，见式(6-1)。此外值得注意的是，建立地震动预测经验方程（Ground Motion Prediction Equations，GMPEs）也常常应用几何均值，这主要是因为：

① 该平均过程能减小数据离散性，即对数标准差 $\sigma_{\ln}$；

② 几何均值可以较好地估计随机方向的双向地震分量的中心值，其变异性可以通过标准差项进行修正。

$$S_{\text{a-gm}}=\sqrt{(S_{\text{a-x}})\times(S_{\text{a-y}})} \tag{6-1}$$

式中　$S_{\text{a-gm}}$——几何均值谱（gm 是 geometric mean 的缩写）；

$S_{\text{a-x}}$——x 方向加速度反应谱；

$S_{\text{a-y}}$——y 方向加速度反应谱。

从式(6-1) 可以看出，几何均值谱非常依赖于双向水平加速度的方位角，因此，Boore 等[21] 提出了与方向无关的几何均值参数，即与转动角度独立的几何均值参数 *GMRotI*50。同时，该学者发现，不论地震动强度用传统的几何均值表达还是采用 *GMRotI*50 表达，地震动预测经验方程给出了基本一致的地震动强度中位值和标准差的预测。

表征双向地震强度的还有任意分量加速度谱（$S_{\text{a-arb}}$）[21]，此外，也可用式(6-2) 和式(6-3) 表征双向地震动强度。有研究表明，$S_{\text{a-arb}}$ 谱坐标在 50%的转动方向下小于 *GMRotI*50 的谱坐标。

$$S_{\text{a-}\sqrt{(a^2+b^2)/2}}=\sqrt{\frac{(S_{\text{a-x}})^2+(S_{\text{a-y}})^2}{2}} \tag{6-2}$$

$$S_{\text{a-}\sqrt{(a+b)/2}}=\sqrt{\frac{(S_{\text{a-x}})+(S_{\text{a-y}})}{2}} \tag{6-3}$$

为了能够充分研究双向地震动强度与结构反应的相关性，本书还选取了平均峰值加速度$\frac{(PGA_x)+(PGA_y)}{2}$、最大峰值加速度$PGA_{max}$、几何均值峰值加速度$\sqrt{(PGA_x)\cdot(PGA_y)}$、平均峰值速度$\frac{(PGV_x)+(PGV_y)}{2}$、最大峰值速度$PGV_{max}$、几何均值峰值速度$\sqrt{(PGV_x)\cdot(PGV_y)}$、平均峰值位移$\frac{(PGD_x)+(PGD_y)}{2}$、最大峰值位移$PGD_{max}$、几何均值峰值位移$\sqrt{(PGD_x)\cdot(PGD_y)}$、平均谱加速度$\frac{(S_{a_x})+(S_{a_y})}{2}$、最大谱加速度$S_{a_{max}}$、几何均值谱加速度$\sqrt{(S_{a_x})\cdot(S_{a_y})}$、平均谱速度$\frac{(S_{v_x})+(S_{v_y})}{2}$、最大谱速度$S_{v_{max}}$、几何均值谱速度$\sqrt{(S_{v_x})\cdot(S_{v_y})}$、平均谱位移$\frac{(S_{d_x})+(S_{d_y})}{2}$、最大谱位移$S_{dmax}$、几何均值谱位移$\sqrt{(S_{d_x})\cdot(S_{d_y})}$、平均累积绝对速度$\frac{(CAV_x)+(CAV_y)}{2}$、最大累积绝对速度$CAV_{max}$、几何均值累积绝对速度$\sqrt{(CAV_x)\cdot(CAV_y)}$、平均最大增量速度$\frac{(MIV_x)+(MIV_y)}{2}$、最大的最大增量速度$MIV_{max}$、几何均值最大增量速度$\sqrt{(MIV_x)\cdot(MIV_y)}$、几何均值谱加速度中位值$RotD50(S_a)$、几何均值谱加速度最大值$RotD\max(S_a)$、几何均值谱加速度$GM(S_a)$、几何均值谱速度中位值$RotD50(S_v)$、几何均值谱速度最大值$RotD\max(S_v)$、几何均值谱速度$GM(S_v)$、几何均值谱位移中位值$RotD50(S_d)$、几何均值谱位移最大值$RotD\max(S_d)$、几何均值谱位移$GM(S_d)$进行地震动强度参数相关性研究。需要注意的是，在后续章节中表示两个方向地震动参数的平均值用 mean 表示，表示两个方向地震动参数最大值用 max 表示，表示两个方向地震动参数中位值用 median 表示。

6.3 核电站安全壳模型

6.3.1 核电站安全壳集中质量模型的简化

图 6-1 给出了核电站安全壳截面及钢筋信息。由图 6-1 可见，核电站安全壳由基础、筒体及穹顶组成。筒体内径为 37.796m，高度为 43.830m。穹顶内径为 18.898m，核电站安全壳总高度为 63.094m。筒体部分墙厚为 1.067m，穹顶

部分墙厚为 0.762m。

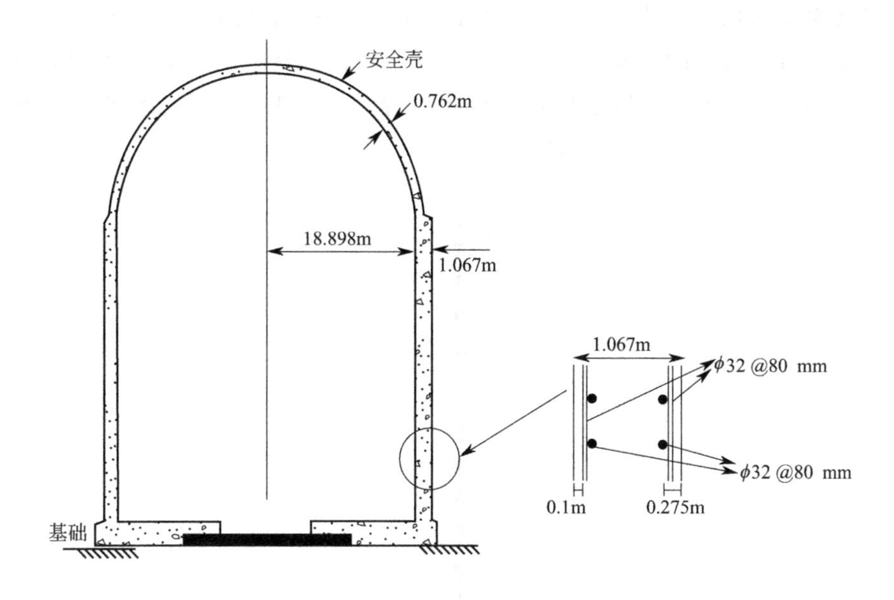

图 6-1　核电站安全壳截面及钢筋信息

图 6-2 给出了核电站安全壳实体有限元模型，核电站安全壳基础采用实体单元建立，筒体和穹顶采用壳单元建立。

图 6-2　核电站安全壳实体有限元模型

图 6-2 给出了核电站安全壳三维有限元模型，而图 6-3 给出了核电站安全壳集中质量有限元模型，其中 1～11 为集中质量的序号。核电站安全壳集中质量有限元模型参数由实际的核电站安全壳参数转化而得。集中质量有限元模型的参数如面积、惯性矩及剪切面积按照集中质量所在高度处实际的面积、惯性矩及剪切面积进行计算，具体参数计算结果见表 6-1。

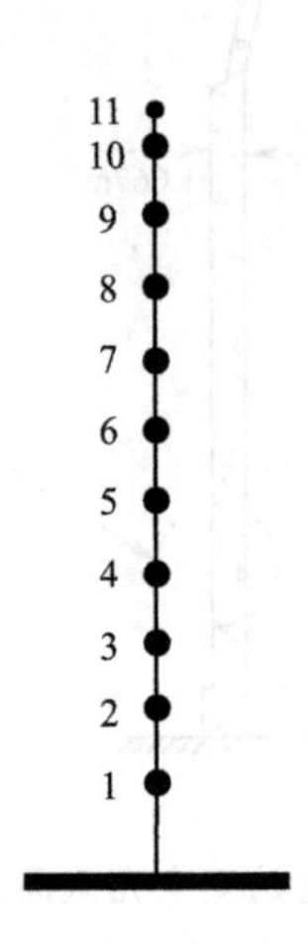

图 6-3　核电站安全壳集中质量模型

表 6-1　核电站安全壳集中质量模型信息

序号	高度 / m	重力 / kN	面积 / mm^2	剪切面积 / mm^2	惯性矩 / mm^4
基础	0	88960.0			
1	7.163	20460.8	130064256	65032128	2.41667×10^{16}
2	13.350	18681.6	130064256	65032128	2.41667×10^{16}
3	19.446	18681.6	130064256	65032128	2.41667×10^{16}
4	25.542	18681.6	130064256	65032128	2.41667×10^{16}
5	31.638	18681.6	130064256	65032128	2.41667×10^{16}
6	37.734	18681.6	130064256	65032128	2.41667×10^{16}
7	43.830	20505.28	130064256	65032128	2.41667×10^{16}
8	50.383	13432.96	91974010	46451520	1.63989×10^{16}
9	56.205	10986.56	91974010	46451520	1.29465×10^{16}
10	60.503	9429.76	91974010	46451520	6.90478×10^{16}
11	63.094	845.12	91974010	46451520	1.72619×10^{15}

注：1. 混凝土杨氏模量：$E_c=3.30\times10^4$ MPa。

2. 钢筋杨氏模量：$E_s=2.0\times10^5$ MPa。

表 6-2 给出了核电站安全壳实体有限元模型与集中质量有限元模型前三阶模态对比。由表 6-2 可见，核电站安全壳实体有限元模型前三阶模态周期与集中质量有限元模型前三阶模态周期基本一致。此外，两种有限元建模方法所得的各阶模态有效质量参与系数也基本一致并且总有效质量参与系数都超过 90%，由此可知，所建立的集中质量有限元模型可以近似代替实体有限元模型。此外，在后续非线性时程分析计算时，阻尼选用瑞利阻尼，阻尼比假定为 0.05。

表 6-2　核电站安全壳实体有限元模型与集中质量模型模态分析

模态	三维有限元模型(沿 X 方向)		集中质量模型	
	频率 / Hz	有效质量系数/%	频率/Hz	有效质量系数/%
1	5.368	70.4	5.291	72.6
2	15.637	20.4	15.625	21.3
3	30.590	4.1	29.411	4.5

6.3.2　核电站安全壳集中质量模型的非线性定义

评估核电站安全壳达到极限状态的失效概率，确定其极限能力以及确定抗震裕度指标是确保核电站安全壳是否足够安全的一个重要手段，而进行这项工作最为重要的一个环节就是核电站安全壳集中质量模型的非线性定义。核电站安全壳集中质量模型的剪切非线性采用第 5 章所开发的拓展的基于截面的 Takeda 恢复力模型。通常，核电站安全壳在水平荷载作用下以受剪为主，因此其弯曲性质定义为弹性。此外，轴向性质也定义为弹性。核电站安全壳截面剪切非线性属性按照第 5 章所述进行计算，由此可得到截面的开裂力、开裂应变、屈服力、屈服应变、极限力及极限应变，详细计算结果见表 6-3。截面弯曲及轴向属性分别按照弹性模量与截面惯性矩的乘积及弹性模量与截面面积的乘积进行计算，详细计算结果见表 6-4。

表 6-3　核电站安全壳集中质量模型剪切非线性属性

序号	开裂力/kN	开裂应变	屈服力/kN	屈服应变	极限力/kN	极限应变
基础	—	—	—	—	—	—
1	185407	0.00022	250299	0.00066	526760	0.004
2	149668	0.00018	202052	0.00054	526760	0.004
3	145969	0.00017	197058	0.00051	526760	0.004
4	142174	0.00017	191935	0.00051	526760	0.004
5	138276	0.00016	186673	0.00048	526760	0.004
6	134264	0.00016	181256	0.00048	526760	0.004

续表

序号	开裂力/kN	开裂应变	屈服力/kN	屈服应变	极限力/kN	极限应变
7	130128	0.00015	175673	0.00045	526760	0.004
8	91958	0.00015	124143	0.00045	376257	0.004
9	88820	0.00015	119907	0.00045	376257	0.004
10	86168	0.00014	116327	0.00042	376257	0.004
11	83826	0.00014	113165	0.00042	376257	0.004

表 6-4　核电站安全壳集中质量模型轴向及弯曲属性

序号	轴向属性 / kN	弯曲属性 / (kN · mm^2)
基础	—	—
1	4296958838	7.98401×10^{17}
2	4296958838	7.98401×10^{17}
3	4296958838	7.98401×10^{17}
4	4296958838	7.98401×10^{17}
5	4296958838	7.98401×10^{17}
6	4296958838	7.98401×10^{17}
7	4296958838	7.98401×10^{17}
8	3038563750	5.41772×10^{17}
9	3038563750	4.27715×10^{17}
10	3038563750	2.28115×10^{17}
11	3038563750	5.70286×10^{16}

6.4　核电站安全壳双向地震易损性研究

6.4.1　双向地震参数与结构反应相关性

本书研究双向地震参数与结构反应相关性采用了增量动力分析（Incremental Dynamic Analysis，IDA）的分析方法。IDA 分析方法，即通过不断增大地震强度，使得结构从最初的弹性状态到一系列连续的非弹性状态，直到到达极限状态为止。任意一条 IDA 曲线的横坐标通常为反映结构响应的损伤指标或工程需求参数，在这里，结构反应参数取为两个方向位移平方和开平方的最大值。IDA 曲线的纵坐标反映地震强度指标。

通常，IDA 分析方法都应用于单分量地震作用，很少有考虑多向地震分量作用的。因此，大多数学者都采用比较简单的地震强度参数，如地震动参数 PGA、PGV、PGD；弹性谱参数 S_a、S_v 以及 S_d；非弹性谱参数等。但是对于双向地震激励，单一地震强度参数显然不能反映实际地震动的强度，例如，对于一个方向地震分量相同而另一个方向不同的两个地震动，不同分量的地震动其强度和频率可能不同，其可能会在很大程度上影响结构的地震响应。基于此，本书研究了不同双向地震强度参数下的 IDA 曲线及其相关离散性，其中离散性定义为同一位移水平下地震强度标准差与平均值的比值，如图 6-4 所示。

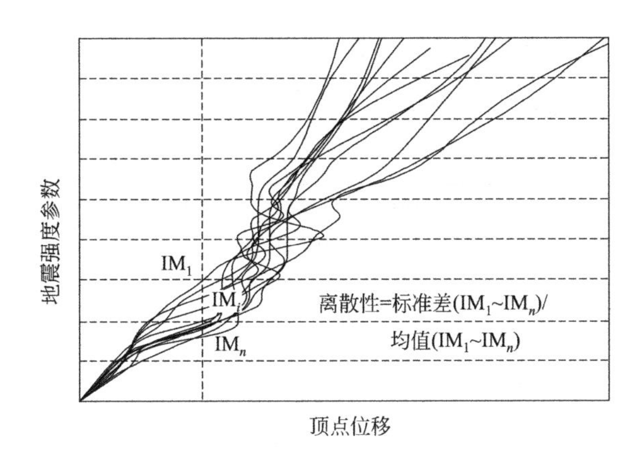

图 6-4　离散性的定义

图 6-4 中的不同曲线反映了不同地震动作用下核电站安全壳的地震反应有所差异，同时可见在同一位移水平下，离散性越小，IDA 曲线的紧密程度越大，地震动强度参数能够更好地代表结构的抗震能力。图 6-4 中，IM 为强度指标。

图 6-5 给出了不同双向地震强度参数（PGA）下的 IDA 曲线及其离散性，其中不同的曲线反映了核电站安全壳在不同地震动作用下的反应特征。

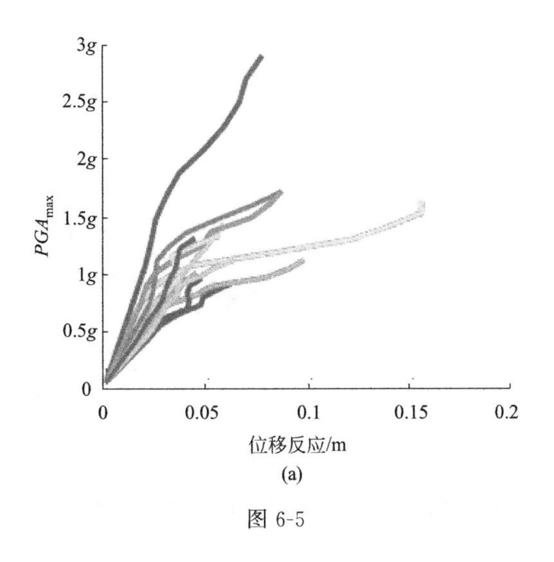

(a)

图 6-5

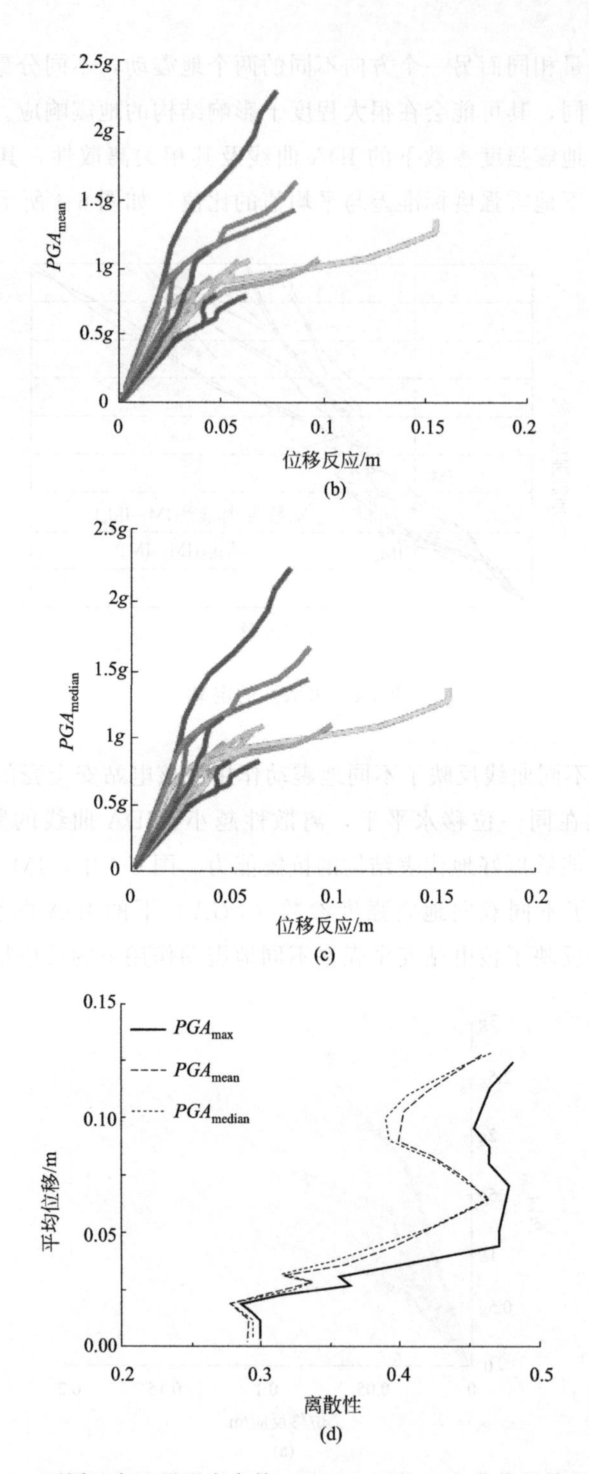

图 6-5　不同双向地震强度参数（PGA）下的 IDA 曲线及其离散性

由图 6-5 可见，PGA_{max} 在整个顶点位移范围离散性都较大。对于 PGA 类，其离散性排序为 $PGA_{max}>PGA_{mean}>PGA_{median}$。与 PGA 类离散性类似，PGV 类与 PGD 类的离散性也较大，如图 6-6 和图 6-7 所示。对于 PGV 类，其离散性排序为 $PGV_{max}>PGV_{mean}>PGV_{median}$，而对于 PGD 类，其离散性排序为 $PGD_{max}>PGD_{mean}>PGD_{median}$。

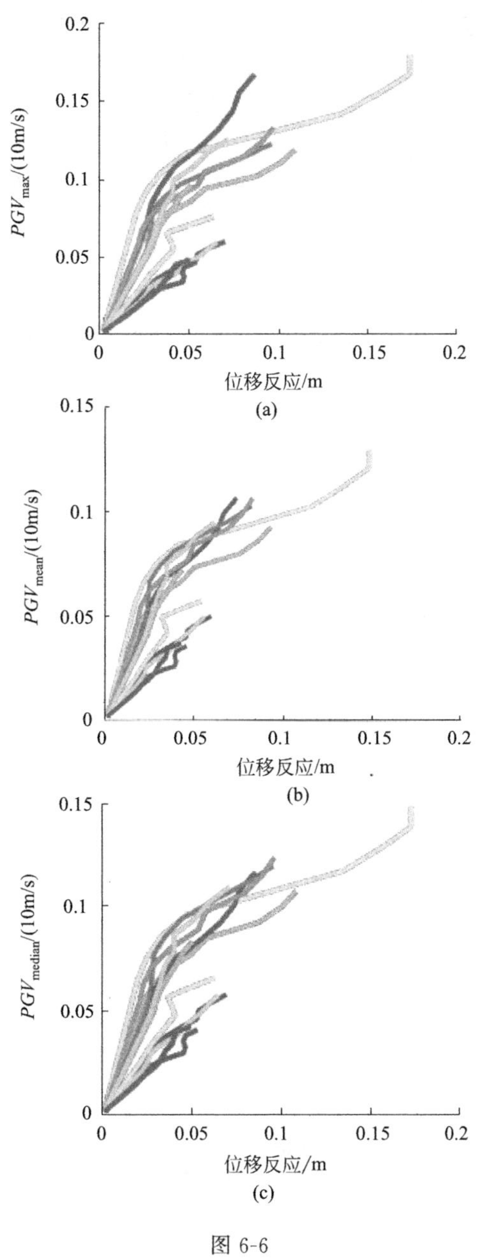

图 6-6

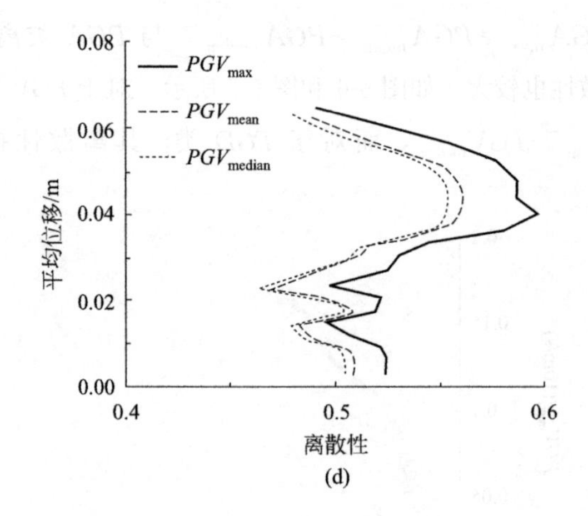

(d)

图 6-6　不同双向地震强度参数（PGV）下的 IDA 曲线及其离散性

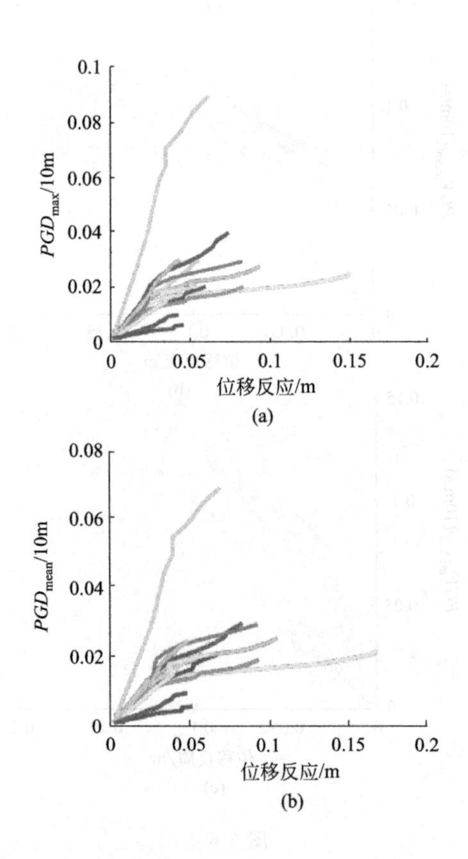

(a)

(b)

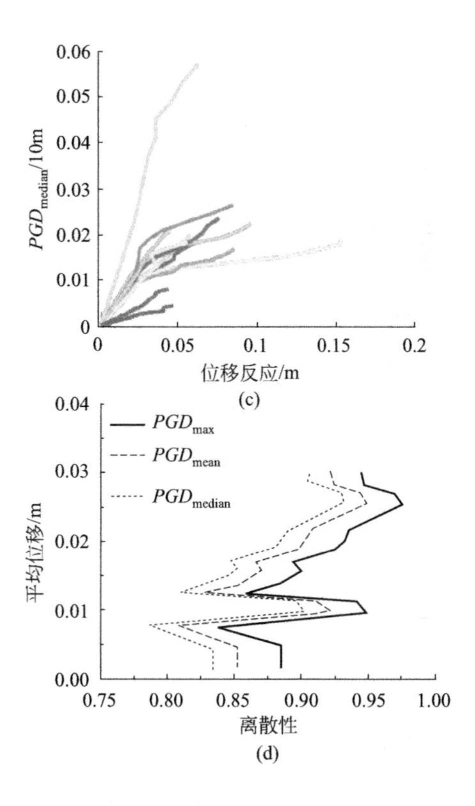

图 6-7 不同双向地震强度参数（PGD）下的 IDA 曲线及其离散性

图 6-8～图 6-10 分别给出了几何均值谱加速度类，几何均值谱速度类以及几何均值谱位移类双向地震强度参数下的 IDA 曲线及其离散性。

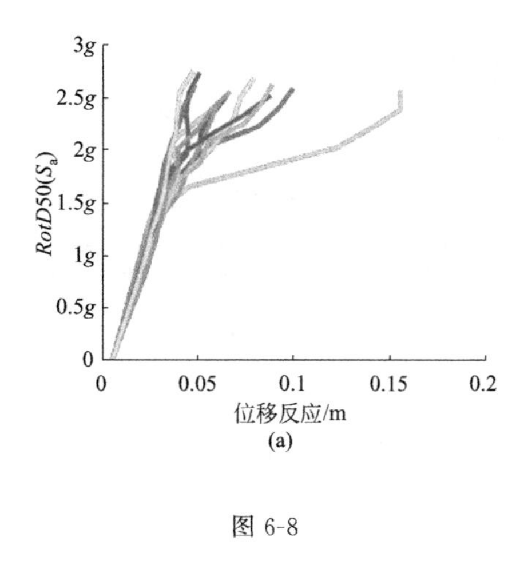

图 6-8

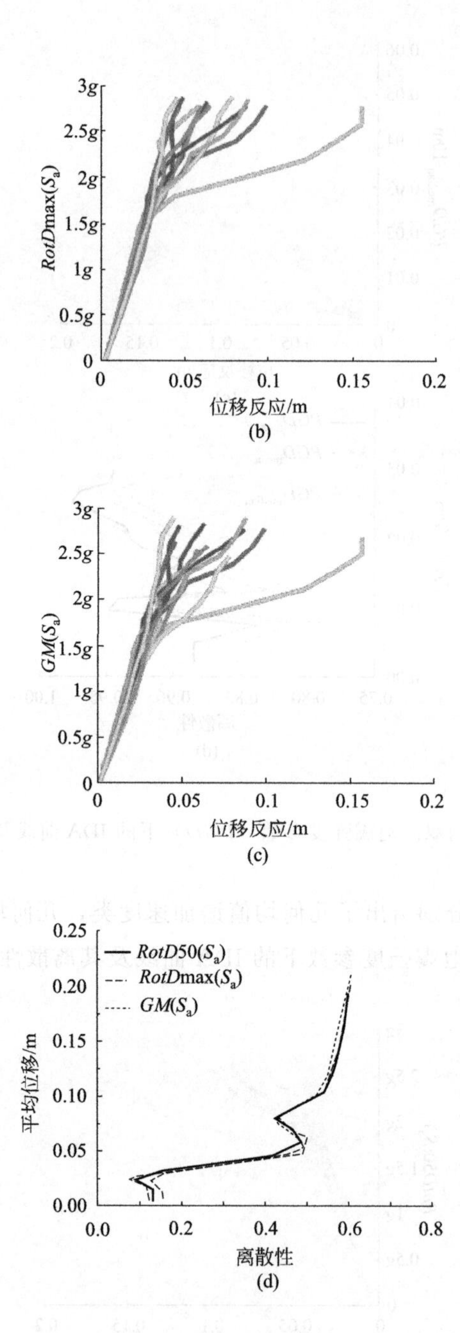

图 6-8　不同双向地震强度参数［$RotD(S_a)$］下的 IDA 曲线及其离散性

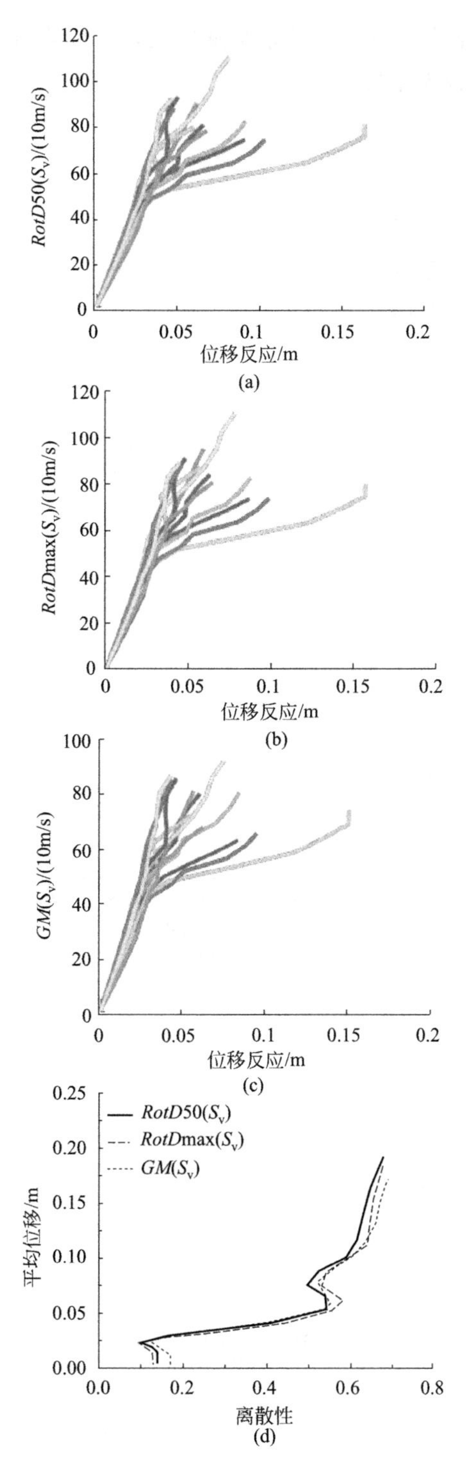

图 6-9 不同双向地震强度参数［$RotD(S_v)$］下的 IDA 曲线及其离散性

图 6-8～图 6-10 表明，几何均值谱加速度类，几何均值谱速度类以及几何均值谱位移类的离散性较为相似。

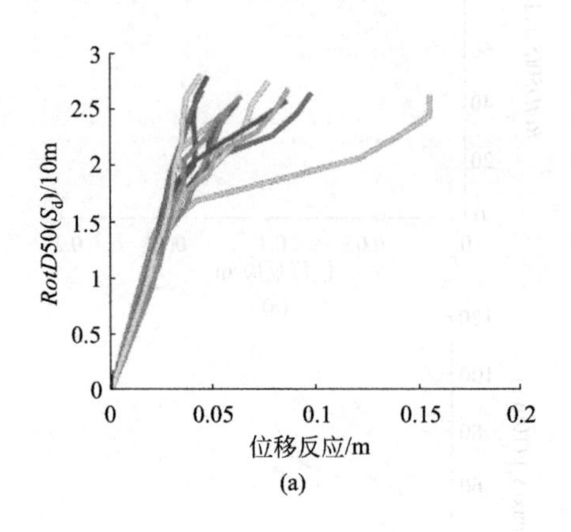

(a)

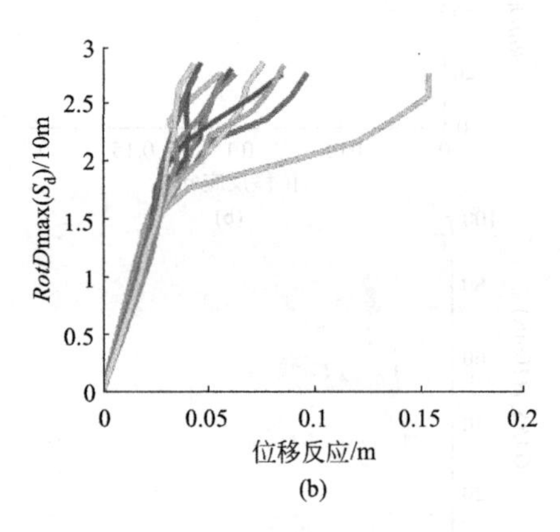

(b)

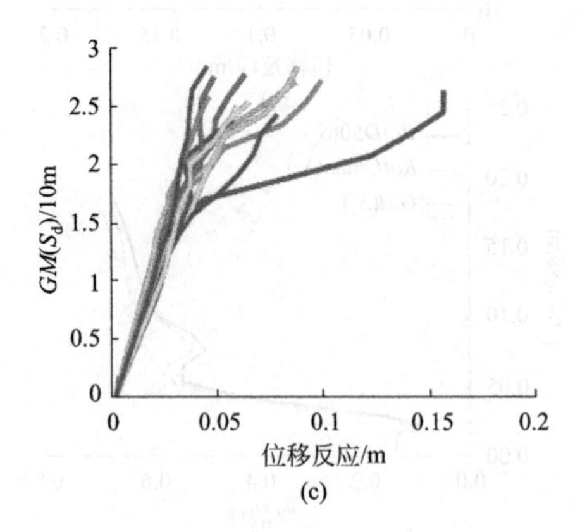

(c)

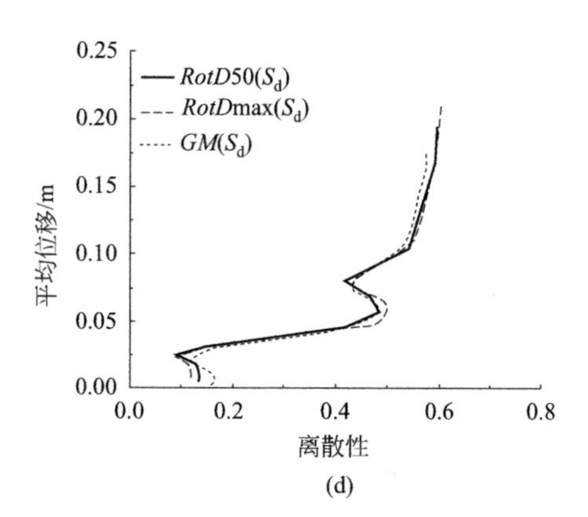

(d)

图 6-10　不同双向地震强度参数［$RotD(S_d)$］下的 IDA 曲线及其离散性

图 6-11 和图 6-12 分别给出了 CAV 类参数及 MIV 类参数下的 IDA 曲线及其离散性。图 6-11 表明，当结构位移反应较小时，CAV 类各参数离散性较为相似，但当结构位移反应较大时，CAV 类参数中 CAV_{max} 的离散性变大，CAV_{mean}

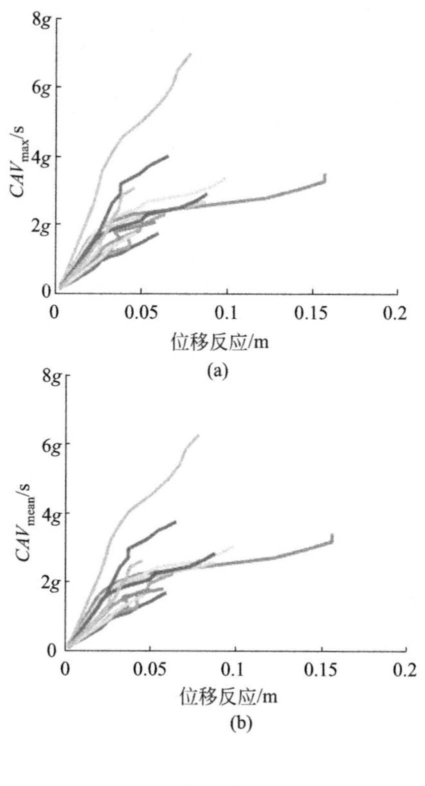

图 6-11

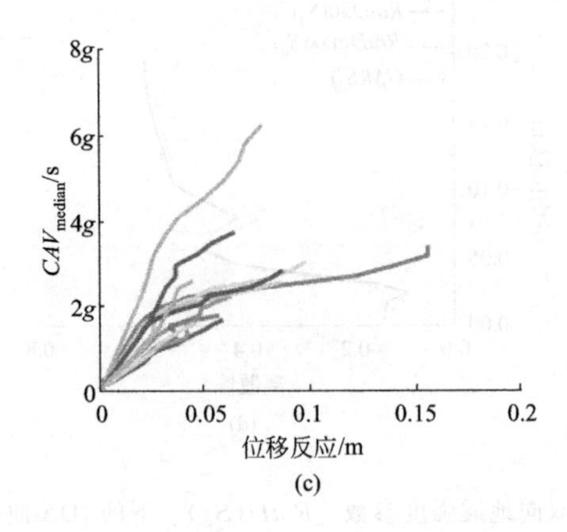

(c)

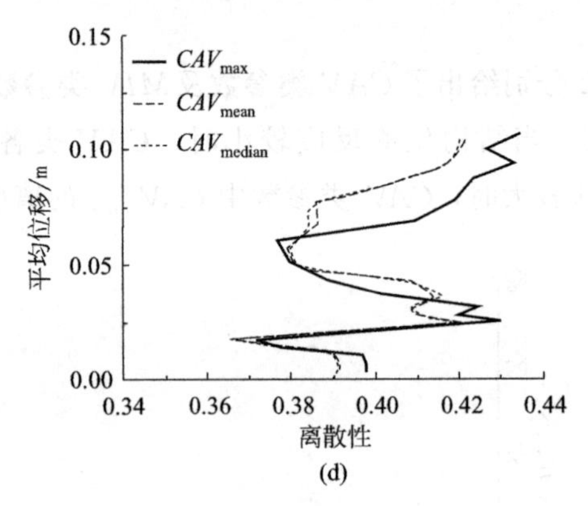

(d)

图 6-11　不同双向地震强度参数（CAV）下的 IDA 曲线及其离散性

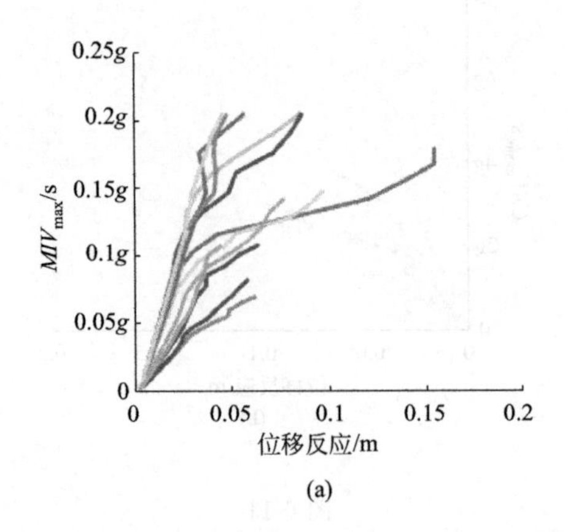

(a)

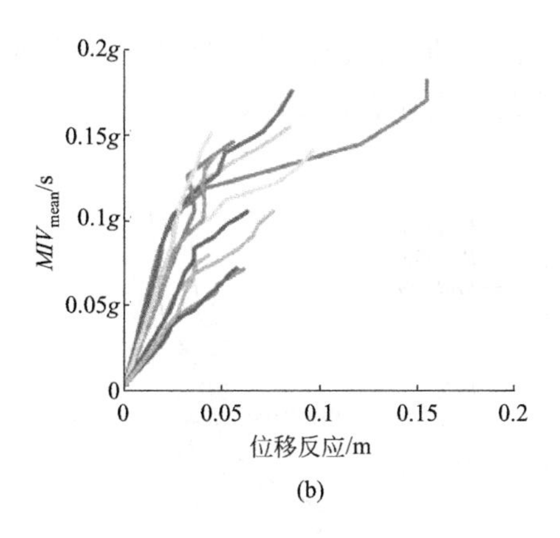

(b)

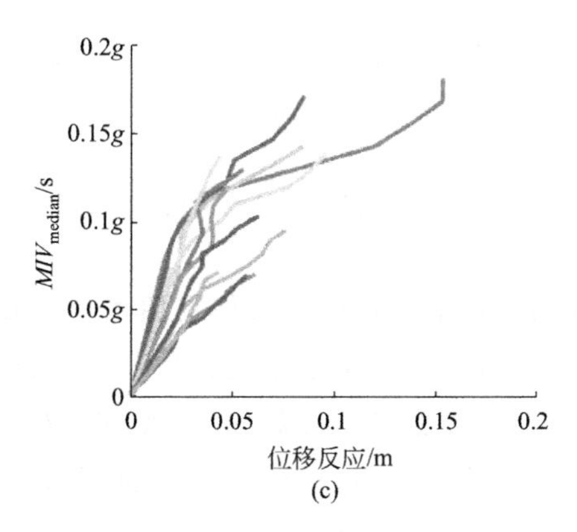

(c)

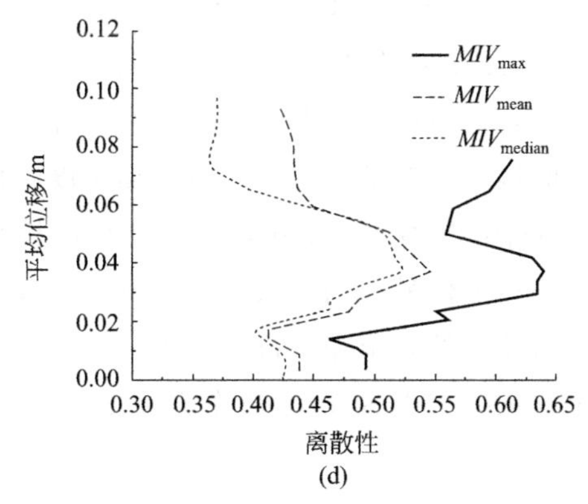

(d)

图 6-12　不同双向地震强度参数（MIV）下的 IDA 曲线及其离散性

与 CAV_{median} 的离散性较小。图 6-12 表明，MIV 类参数中离散性排序为 $MIV_{max}>MIV_{mean}>MIV_{median}$。

图 6-13 给出了不同类双向地震强度参数的比较，所选取的双向地震强度参数都为该类中离散性最小的双向地震强度参数。

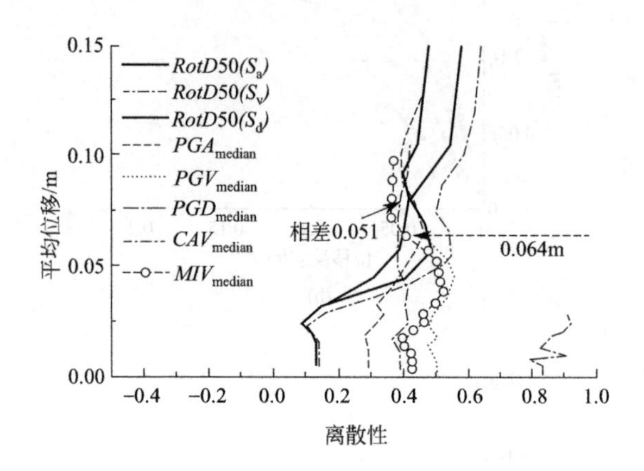

图 6-13　不同双向地震强度参数平均位移的离散性

由图 6-13 可见，几何均值谱加速度、几何均值谱位移在整个顶点位移范围内具有非常相似的离散性，而几何均值谱速度和几何均值谱位移比几何均值谱加速度的离散性都大。反映地震动强度的参数如 PGA 在结构位移反应较小时离散性较大，而 PGV 和 PGD 不论在结构处于弹性阶段或者进入塑性时离散性都大。反映弹性谱强度的参数如 S_a、S_v 以及 S_d 在整个位移反应内的离散性都较为相近，并且其与几何均值谱类参数的离散性相似。从图中还可以看出，CAV 与 MIV 在结构处于较小变形阶段时离散性较大，并且相差不大，随着变形增加，离散性基本维持不变。值得注意的是，几何均值谱加速度中位值［$RotD50(S_a)$］参数在结构位移小于 0.064m 时离散性最小，随着结构位移反应增大，该参数的离散性略有增加，但其与离散性最小的参数相差不到 0.051，因此该参数在结构反应较大时仍能用于评估核电站安全壳的抗震能力。

综上所述，本书选取 $RotD50(S_a)$ 参数作为评估指标用于评估核电站安全壳的抗震能力。

6.4.2　双向地震激励下核电站安全壳易损性曲线

易损性分析即给定一系列结构失效概率与不同地震动强度的关系曲线。换句话说，结构的易损性就是地震引起结构损伤的概率。由于 Kennedy 和 Ravindra[22] 所提出的易损性分析方法被广泛用来评估核电站及其附属结构，因此本章研究也采用该方法评估核电站安全壳。在结构保证率为 Q 时，结构的失效概率 $P_f(a)$ 按照式(6-4) 计算。

$$P_f(a)=\Phi\left[\frac{\ln(a/A_m)+\beta_U\Phi^{-1}(Q)}{\beta_R}\right] \tag{6-4}$$

$$\beta_U=\left\{\prod_1^m\Phi\left[\frac{\ln(A_i/A_m)}{\beta_R}\right]\right\}\left\{1-\Phi\left[\frac{\ln(A_{max}/A_m)}{\beta_R}\right]\right\}^{n-m} \tag{6-5}$$

式中 $\Phi(\cdot)$——标准高斯累积分布函数；

a——给定的地震强度指标，通常为 PGA；

Φ^{-1}——标准高斯累积分布函数的倒数；

A_m——地震动强度中值能力；

β_R——反映地震动加速度能力的随机性；

β_U——反映材料的不确定性，根据 Ozaki 和 Choi[23] 研究成果，β_U 取 0.32；

A_i——对应于第 i 条地震动的加速度能力；

A_{max}——施加的最大地震动强度指标；

n——地震动总数量；

m——引起结构失效的地震动数量。

结构能力或者性能状态的确定对于易损性曲线的建立至关重要。通常，结构能力值应由结构历史的抗震性能或者通过试验数据获得，这里通过联合以前的试验数据和分析结果确定。本书主要考察核电站安全壳的三个性能状态：开裂状态、峰值状态及极限状态。开裂状态定义为结构刚刚发生屈服时所对应的状态。因此，开裂能力定义为由弹性段转变为塑性段时对应的地震强度点。由于核电站安全壳通常以受剪破坏为主，受剪破坏往往呈现出承载力达到峰值点处急剧下降的情况，因此峰值强度状态是核电站安全壳强度开始退化的转折点。因此，峰值能力定义为结构承载力达到峰值承载力时所对应的地震强度点。极限状态定义为结构承载力达到峰值承载力 0.85 倍时的状态。因此，极限能力定义为结构承载力达到峰值承载力 0.85 倍时所对应的地震强度。

核电站安全壳的三个性能状态通过 Pushover 分析方法确定。由于均匀加载模式适用于以受剪破坏为主的结构，因此单向推覆结构采用均匀加载模式，如图 6-14(a) 所示。图 6-14(b) 给出了核电站安全壳的 Pushover 曲线，其中三个性能状态分别对应于开裂状态为 12.9mm、峰值状态为 152mm 和极限状态为 262mm。基于第 4 章针对双向荷载路径所建立的峰值比值和极限比值的计算公式，可获得双向地震输入下可能的对应于峰值状态和极限状态的性能指标。根据所研究核电站安全壳的几何尺寸及材料性能，可得核电站安全壳剪跨比为 0.862，厚径比为 0.056 和材料强度比为 3.6。经过不同双向荷载路径下峰值比值和极限比值的计算，发现方形荷载路径对于该核电站安全壳最不利，其中峰值位移比值和极限位移比值分别为 0.74 和 0.62，由此可得对应于峰值状态和极限状态的位移分别为 112.5mm 和 162.4mm。通过 IDA 分析，可以获得开裂状态和倒塌状态的加速度能力值。然后，易损性曲线所需的加速度能力随机性参数和加速度中值能力通过最大似然估计方法获得，见表 6-5。

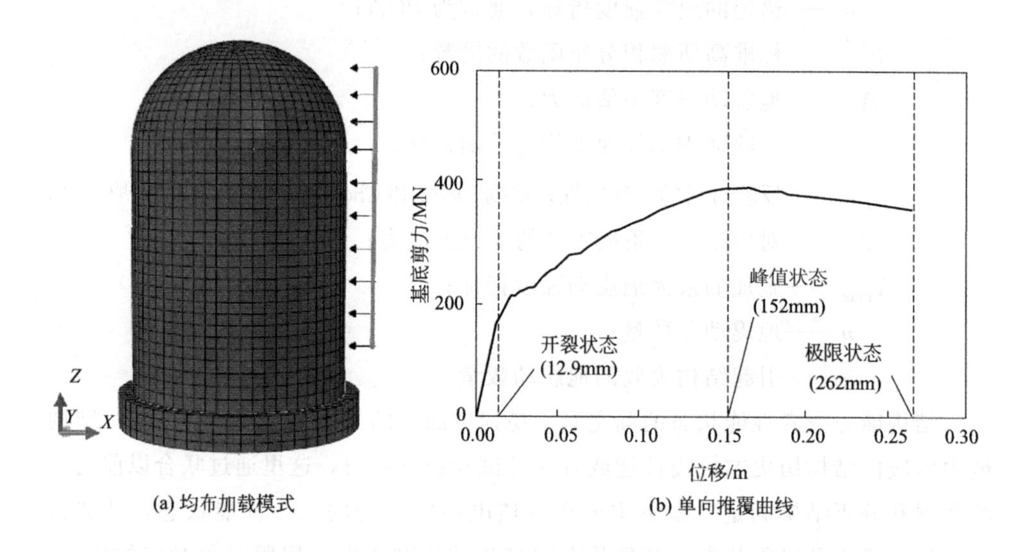

图 6-14 均匀加载模式下的单向推覆曲线

表 6-5 易损性计算所需参数

性能状态	加速度中值能力	加速度能力随机性参数
开裂状态	1.0229g	0.1914
峰值状态	2.2256g	0.0976
极限状态	3.0218g	0.0607

图 6-15 给出了开裂状态下的核电站安全壳易损性曲线。由图 6-15 可见，随着地震动强度的增加，易损性曲线逐渐向右侧倾斜。随着保证率的增加，易损性曲线逐渐向左偏移。

图 6-16 和图 6-17 给出了核电站安全壳对应峰值状态和极限状态下的易损性

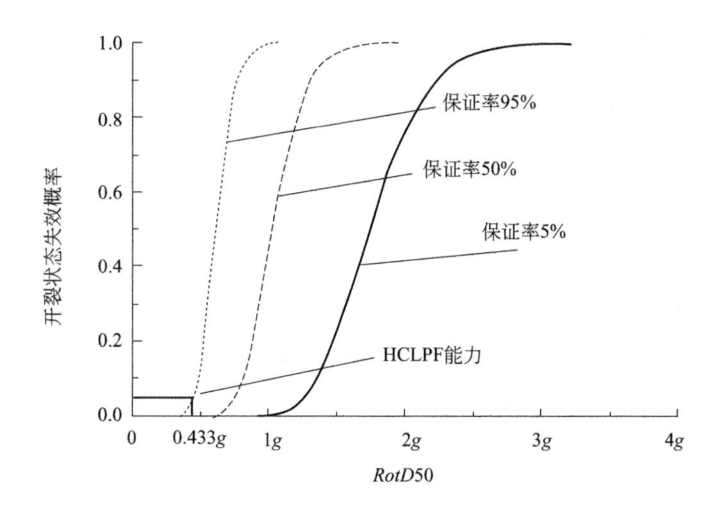

图 6-15 开裂状态下核电站安全壳易损性曲线

曲线。从图中可见，其与开裂状态下的易损性曲线具有相似的趋势。

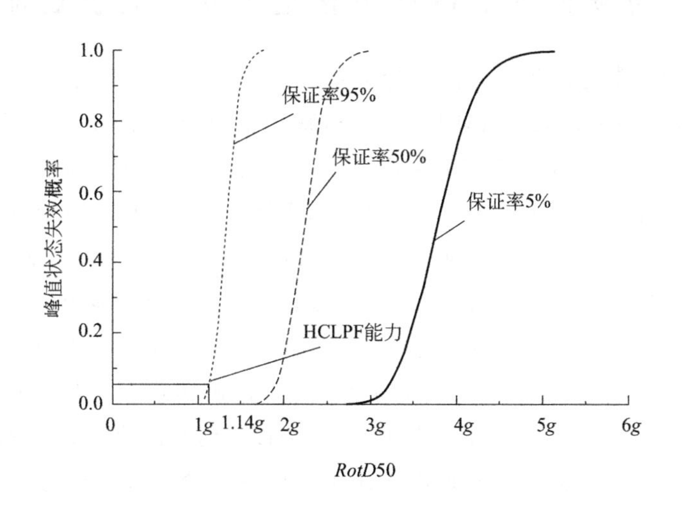

图 6-16 峰值状态下核电站安全壳易损性曲线

此外，高裕度低失效概率能力（High Confidence of Low Probability of Failure，HCLPF）常常用来评估核电站及其附属构件的真实抗震能力。本书研究中定义具有 95%保证率、5%失效概率所对应的地震动强度为核电站安全壳的真实抗震能力。从图 6-15～图 6-17 中可知，核电站安全壳的开裂能力、峰值能力及极限能力分别为 0.433g、1.14g 和 1.66g。

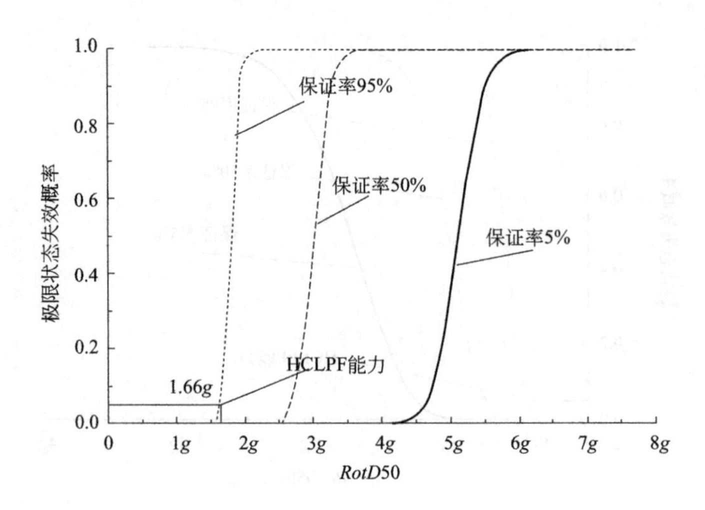

图 6-17 极限状态下核电站安全壳易损性曲线

6.5 单向与双向地震激励下核电站安全壳抗震能力对比

倒塌能力通常通过两种方法进行确定：基于地震强度的抗震能力确定方法（Intensity Measure-based，IM-based）和基于需求指标的抗震能力确定方法（Demand Measure-based，DM-based）[24]。为了进行单向和双向地震激励下核电站安全壳抗震能力的对比，本书采用基于需求指标的抗震能力确定方法。基于需求指标的抗震能力确定方法即通过不断增大地震强度以达到结构破坏的极限状态，然后取对应于结构性能状态的地震强度作为其有效抗震能力。

地震动调幅规则为分别将双向地震强度和单向地震强度的中值谱加速度和谱加速度以 0.2g 的间隔不断增大到结构达到所需的破坏状态。为了能与双向地震能力作对比，本书将两个单向获得的地震能力以几何均值的形式表现出来。

图 6-18 给出了单向和双向地震作用下核电站安全壳开裂能力的对比。由图 6-18 可见，绝大多数单向地震能力高估了实际地震能力，其中对于地震动序号为 3 的地震动，其单向地震能力为 1.216g，而双向地震能力仅为 0.90g，单向地震能力比双向地震能力高 34.4%。从均值角度分析，单向地震均值能力为 0.791g（相当于 0.79 倍 SSE 地震水平），而双向地震均值能力仅为 0.76g（相当于 0.76 倍 SSE 地震水平），单向地震激励高估了 4.1%的核电站安全壳开裂能力。

图 6-19 给出了单向和双向地震下核电站安全壳峰值能力的对比。与开裂能力相似，绝大多数单向地震能力高估了实际地震能力，其中单向地震均

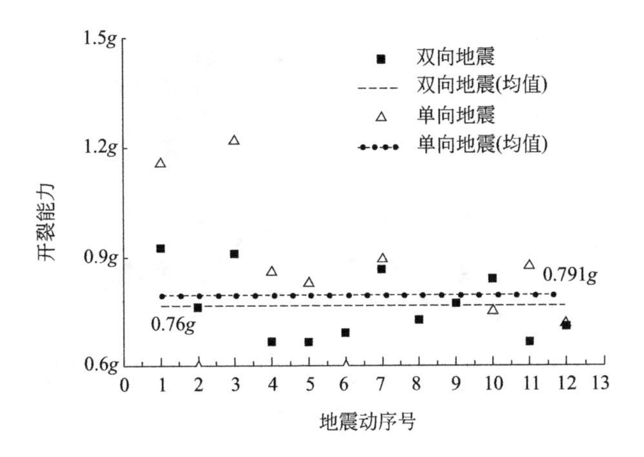

图 6-18　单向和双向地震作用下核电站安全壳开裂能力对比

值能力为 5.476g，而双向地震均值能力仅为 4.371g，其比双向地震均值能力高 25.3%。

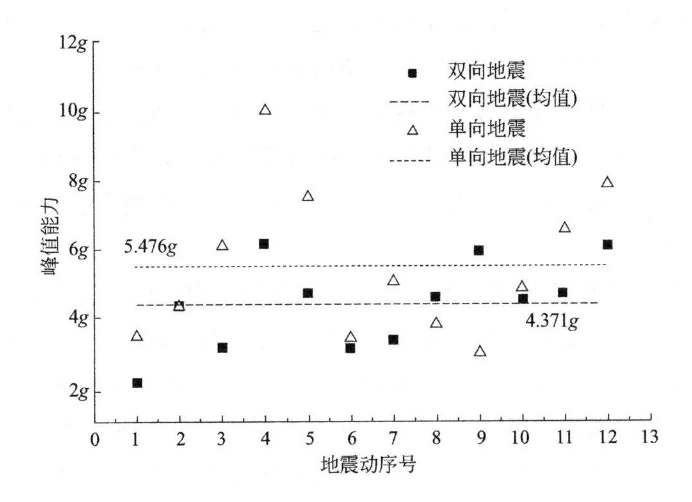

图 6-19　单向和双向地震作用下核电站安全壳峰值能力对比

图 6-20 给出了单向和双向地震下核电站安全壳极限能力的对比，其中双向地震下核电站安全壳极限能力仅为 5.90g，而单向地震下其极限能力高达 8.25g，单向地震输入比双向地震输入高估了 39.8%的核电站安全壳极限能力。

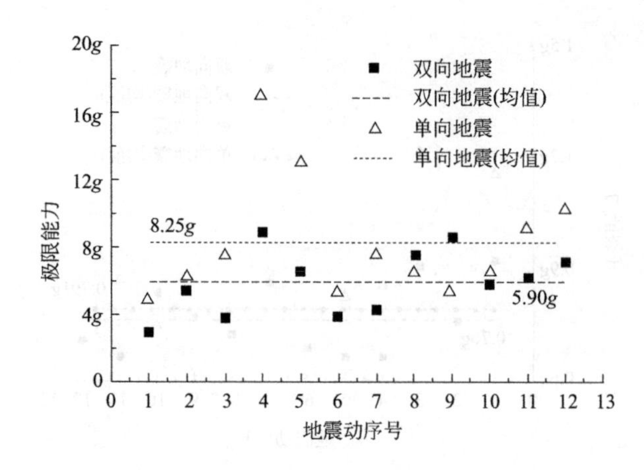

图 6-20　单向和双向地震作用下核电站安全壳极限能力对比

6.6　本章小结

如何能够准确合理地评估已建以及在建核电站是各国学者致力研究的课题。地震易损性评估是从概率角度确定核电站的抗震性能，并且已经成为核电站抗震性能评估的重要工具。基于第 5 章建立的核电站安全壳适用于双向地震加载的简化模型，结合第 4 章确定的核电站安全壳抗震性能状态，本章进行了双向地震动输入下核电站安全壳结构的地震易损性分析，研究了双向地震强度应用于评估结构反应的离散性。

① 几何均值谱加速度和几何均值谱位移都与结构反应具有非常相似的离散性，而几何均值谱速度相比两者离散性较大。反映地震动强度的参数如 *PGA* 在结构位移反应较小时离散性较大，而 *PGV* 和 *PGD* 不论结构处于弹性阶段还是进入塑性都具有较大的离散性。反映弹性谱强度的参数如 S_a、S_v 以及 S_d 都具有非常相似的离散性，并且其与几何均值谱类参数离散性相似。*CAV* 与 *MIV* 在结构处于较小变形阶段时离散性都较大，随着变形增加，离散性基本维持不变。

② 确定了双向地震强度参数 $RotD50(S_a)$ 作为评估指标，采用高裕度低失效概率能力（High Confidence of Low Probability of Failure，HCLPF）评估了核电站安全壳的真实抗震能力。核电站安全壳的开裂能力、峰值能力及极限能力采用 $RotD50(S_a)$ 表征，其分别为 0.433g、1.14g 和 1.66g。

③ 与双向地震激励相比，单向地震激励分别高估了 4.1%、25.3% 及 39.8%的核电站安全壳开裂能力、峰值能力及极限能力。

第7章 隔震核电站安全壳地震可靠度分析

上面几章主要针对不隔震核电站安全壳的地震反应及抗震能力进行介绍，本章和第8章将通过引入隔震支座，介绍隔震技术应用于核电站安全壳这一类重要建筑结构后的抗震可靠性。基于ANSYS大型有限元分析软件，本章首先建立了参数化的核电站安全壳三维实体模型，然后采用铅芯橡胶隔震支座（Lead Rubber Bearing，LRB），从设计谱和工程应用的角度出发，应用反应谱分析及拉丁超立方抽样分析方法给出了核电站安全壳在隔震和不隔震两种工况下混凝土开裂与隔震支座失效的概率。

7.1 反应谱法

核电站安全壳及其他结构地震响应的理论基础是多自由度体系的振动理论，其动力学方程为：

$$[M]\{\ddot{X}\}+[C]\{\dot{X}\}+[K]\{X\}=-[M]\{1\}\ddot{X}_g \tag{7-1}$$

式中 $[M]$——结构整体的质量矩阵；

$[C]$——结构整体的阻尼矩阵；

$[K]$——结构整体的刚度矩阵；

$\{\ddot{X}\}$——核电站安全壳节点的加速度列阵；

$\{\dot{X}\}$——核电站安全壳节点的速度列阵；

$\{X\}$——核电站安全壳节点的位移列阵；

$\ddot{X}_g$——地震输入加速度。

但是利用式(7-1) 进行直接求解，往往较为耗时，且计算较为复杂，对于核电结构而言，与其他结构类似，最重要的是得到结构在地震作用下的最大值，即反应谱分析。考虑到基于场地相关的核电抗震设计谱能反映出场地的地震动特性，且能直接确定核电结构所能遭受的最大地震响应，故采用反应谱方法获得结构的地震响应。Newmark-Hall 提出的修改版本的核电抗震设计谱[25] 是基于均值反应谱并加上一个标准差给定的，并且明确指出其服从对数正态分布，因此可构造出一系列地震反应谱代表场地未来可能遭受的地震强度。

7.2 结构可靠度分析方法——LHS法(拉丁超立方法)

工程结构的破坏概率 p_f 可以表示为：

$$p_f = p\{G(X) \leqslant 0\} = \int_{D_f} f(X)\mathrm{d}X \tag{7-2}$$

$$G(X) = R(X) - S(X)$$

其结构的可靠指标为：

$$\beta = \phi^{-1}(1 - p_f) \tag{7-3}$$

式中 X——是具有 n 维随机变量的向量；

D_f——与 $G(X)$ 相对应的失效区域；

$f(X)$——是基本随机变量 X 的联合概率密度函数；

$G(X)$——通常表示为结构的极限状态函数；

$\phi(\cdot)$——为标准正态分布的累积概率函数。

当 $R(X)-S(X)\leqslant 0$ 时，就意味着结构的能力达不到需求，也就意味着结构破坏，反之，结构就处于安全状态。

于是，用 Monte Carlo 抽样方法所得失效概率[26] $\hat{p}_f$ 可以表示为：

$$\hat{p}_f = \frac{1}{N}\sum_{i=1}^{N} I[G(\hat{X})_i] \tag{7-4}$$

式中 N——抽样模拟总数。

当 $G(\hat{X})\leqslant 0$ 时，$I[G(\hat{X})]_i=1$，反之，$I[G(\hat{X})]_i=0$，其中符号“ˆ”表示抽样值。

抽样方差可以表示为：

$$\hat{\sigma}^2 = \frac{1}{N}\hat{p}_f(1-\hat{p}_f) \tag{7-5}$$

$\hat{p}_f$ 的变异系数 $V_{\hat{p}_f}$ 为：

$$V_{\hat{p}_f}=\frac{\sigma_{\hat{p}_f}}{\mu_{\hat{p}_f}}=\sqrt{\frac{1-p_f}{Np_f}} \tag{7-6}$$

Monte Carlo 法是一种用数值模拟抽样方法，它是用来解决与随机变量有关的实际工程问题的方法[27]。但是直接的 Monte Carlo 抽样方法效率并不高，本书采用了 Monte Carlo 方法中的拉丁超立方抽样方法，这里对该方法工作原理做一简单介绍：假设我们要在 n 维向量空间（n 维向量空间可以看成是 n 个随机变量组成 n 维空间）里抽取 m 个样本，将每一维分成互不重叠的 m 个区间，使得每个区间有相同的概率（一般定义一个均匀分布，从而所选取的区间长度相同）；在每一维里的每一个区间中随机抽取一个点；再从每一维里随机抽出其上中选取的点，将它们组成向量；将所得到的 m 组向量输入结构中，得到 m 组结果，然后进行计算分析。

拉丁超立方抽样方法与直接 Monte Carlo 抽样方法的最大区别在于拉丁超立方抽样对样本具有一定“记忆性”，就是说该法在抽样过程中可以避免重复抽样。通常情况下，在产生同样结果的前提下，拉丁超立方法抽样循环次数仅为直接 Monte Carlo 抽样次数的 60%～80%。

7.3 隔震与不隔震核电站安全壳可靠度计算

7.3.1 模型建立及可靠性分析过程

采用参数化建模构建核电站安全壳实体模型时，用 APDL 命令流文件编写相应分析文件。

具体的可靠性分析过程[28] 如图 7-1 所示。

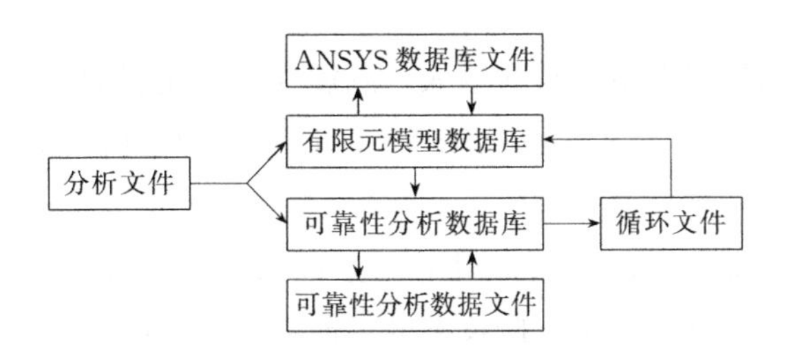

图 7-1　ANSYS 模型可靠性分析流程

7.3.2 阻尼的取值

ANSYS在反应谱分析时可以根据需要输入多种阻尼，通过这些阻尼计算出各阶振型的有效阻尼比（即各阶振型的阻尼比）来进行计算，见式(7-7)和式(7-8)。

$$\xi'_i=\frac{\beta\omega_i}{2}+\xi_c+\frac{\sum_{j=1}^{N_m}\xi_j^m E_j^s}{\sum_{j=1}^{N_m}E_j^s}+\xi_i^m \tag{7-7}$$

$$E_j^s=\frac{1}{2}\{\phi_i\}^{\mathrm{T}}[K_j]\{\phi_i\} \tag{7-8}$$

式中 ξ'_i——结构 i 振型的有效阻尼比（即振型阻尼比）；

β——刚度阻尼；

ω_i——结构在第 i 振型下的自振圆频率；

ξ_c——常阻尼比；

N_m——材料的数量；

ξ_j^m——第 j 种材料的阻尼比；

ξ_i^m——结构第 i 阶模态的有效阻尼比；

E_j^s——第 i 阶振型下第 j 种材料的应变能；

$\{\phi_i\}$——第 i 阶振型下各材料变形所发生的位移矢量；

$[K_j]$——结构中材料 j 的刚度矩阵。

本章采用上述有效阻尼比计算公式中第三项即 $\frac{\sum_{j=1}^{N_m}\xi_j^m E_j^s}{\sum_{j=1}^{N_m}E_j^s}$ 进行有效阻尼比的输入，其是采用了基于能量的振型阻尼比，本质上则进行了结构非比例阻尼的近似解耦。

计算时阻尼采用材料阻尼形式输入，隔震支座指定材料阻尼比为0.2，上部结构指定材料阻尼比为0.05，由ANSYS所计算出的各阶有效的振型阻尼比见表7-1。

从表7-1中可以看出各阶振型阻尼比呈现明显的非线性特性，其与clough非线性矩阵有类似之处，且前三阶模态的耗能主要为隔震支座耗能，后十七阶模态的耗能主要为结构耗能。

表 7-1　ANSYS 计算各阶有效振型阻尼比

模态	振型阻尼比	模态	振型阻尼比
1	0.199	11	0
2	0.199	12	0.05
3	0.199	13	0
4	0	14	0
5	0.05	15	0
6	0.049	16	0.049
7	0.049	17	0
8	0	18	0
9	0.049	19	0.049
10	0.048	20	0

7.3.3　随机变量的确定

结构参数的随机性质通过已有的实验和统计得到，本书所建模型的随机变量性质按文献[29]及规范[30]选定，详细的统计特性见表 7-2。

表 7-2　核电站安全壳抽样过程中随机变量的统计特性

随机变量	分布类型	均值	标准差
混凝土密度	正态分布	2500	50
预应力钢筋密度	正态分布	7850	157
混凝土泊松比	正态分布	0.2	0.12
钢筋泊松比	正态分布	0.3	0.18
安全壳穹顶厚度	正态分布	0.9	0.009
混凝土弹性模量	正态分布	3.6×10^{10}	0.36×10^{10}
钢筋弹性模量	正态分布	1.95×10^{11}	0.195×10^{11}
C50 混凝土压应力	正态分布	3.9741×10^{7}	0.596×10^{7}
C50 混凝土拉应力	正态分布	3.238×10^{6}	0.4857×10^{6}
安全壳筒体厚度	正态分布	1.1	0.011

注：以上所有单位均为国际单位，力单位取 N，长度单位取 m。

7.3.4　随机函数的确定与概率分布

反应谱反映场地地震动的特性，将某条地震动时程转化的反应谱曲线仅代表该条地震动的特性，在确定的频率下，随机函数可以转化为随机变量，在整个频率范围内，每条反应谱曲线可以看成是该随机函数的样本函数。本章选用的随机地震反应谱为修改版本的 Newmark-Hall 核电抗震设计谱[25]，见表 7-3。

表 7-3 水平向弹性反应谱的放大系数

阻尼比/%	均值加 1 倍标准差(累计概率为 84.1%)			均值(累计概率为 50%)		
	α_A	α_V	α_D	α_A	α_V	α_D
0.5	5.10	3.84	3.04	3.68	2.59	2.01
1	4.38	3.38	2.73	3.21	2.31	1.82
2	3.66	2.92	2.42	2.74	2.03	1.63
3	3.24	2.64	2.24	2.46	1.86	1.52
5	2.71	2.30	2.01	2.12	1.65	1.39
7	2.36	2.08	1.85	1.89	1.51	1.29
10	1.99	1.84	1.69	1.64	1.37	1.20
20	1.26	1.37	1.38	1.17	1.08	1.01

Newmark-Hall 核电抗震设计谱对地面峰值的关系规定如下：

① 对岩石场地，速度与加速度比值（Velocity/Acceleration，V/A）取 36(in❶/s) $/g$，对完整的土层场地，V/A 取 48(in/s)$/g$；

② 为了保证反应谱具有足够的频带宽度以代表可能范围内的地震，规定加速度与位移的乘积与速度平方的比值（Acceleration · Displacement/Velocity^2，AD/V^2）一般取 6。

利用上述定义可计算出控制点周期，进而可确定核电站抗震设计谱值，竖向设计谱值在整个周期范围内取水平向设计谱值的 2/3。

由于 ANSYS 规定每个方向只能输入四条反应谱，同时因为绝大多数核电站均建在基岩场地，本书仅考虑了基岩场地下阻尼比分别为 0.5%、5%、10%、20%的四条反应谱。

7.3.5 功能状态方程

核电站安全壳壳体的混凝土开裂可能会对周边环境产生不利的影响，且会带来不可预计的社会因素等，本章主要给出了混凝土开裂作为功能状态的分析结果。首先，按照第一强度理论对反应的最不利截面建立如下状态方程：

$$Z=R(x)-S(x)=f_t-\sigma_1 \tag{7-9}$$

需要指出的是，尽管核电站安全壳壳体混凝土在设防烈度下很难达到极限状态，有关文献[31] 表明，混凝土在 2 倍的 SSE 地震作用下压碎的失效概率达到

❶ 1in≈2.54cm，后同。

10^{-8} 数量级，年极限破坏概率达到 10^{-11} 数量级，但是本章仍将混凝土压碎作为一个功能状态，按照第三强度理论对反应的最不利截面建立如下状态方程：

$$Z=R(x)-S(x)=f_c-\sigma_3 \tag{7-10}$$

显然，核电站安全壳隔震后需要考察隔震层的失效概率，在隔震层中，以我国抗震规范规定的最大位移限值作为控制界限，建立如下状态方程：

$$Z=R(x)-S(x)=d_R-d_L \tag{7-11}$$

式中 $R(x)$——抗力表达式；

$S(x)$——荷载效应表达式；

f_t——混凝土抗拉强度，服从正态分布；

σ_1——最不利截面第一主应力；

σ_3——最不利截面第三主应力；

d_R——隔震层在地震作用下位移；

d_L——隔震层位移限值。

7.3.6 可靠度分析结果

我国《核电厂抗震设计标准》[15] 规定核电厂抗震设计时设计地震震动参数应包括两个水平向和一个竖向的设计反应谱，因此本章进行可靠度分析时选用了三向反应谱；此外，重力和预应力作用也同时考虑。

为了合理确定抽样次数对可靠度分析结果的影响，首先对核电站安全壳不隔震结构分别进行 5000 次和 10000 次拉丁超立方法抽样，地震反应谱峰值加速度取为 0.3g，计算结果见表 7-4。不同抽样次数下的可靠度分析结果表明，两种抽样次数对结构响应的均值、标准差以及变异系数影响不大，因此后续的可靠度分析均采用 5000 次抽样。

表 7-4 核电站安全壳地震响应抽样次数的确定

结构响应	模拟次数 N= 5000 次			模拟次数 N= 10000 次		
	均值	标准差	变异系数	均值	标准差	变异系数
第一主应力/(N/m^2)	1.26×10^6	5.19×10^5	4.13×10^{-1}	1.26×10^6	5.13×10^5	4.08×10^{-1}
第三主应力/(N/m^2)	-4.74×10^6	6.68×10^5	-1.41×10^{-1}	-4.74×10^6	6.65×10^5	-1.40×10^{-1}
顶点位移/m	1.62×10^{-2}	1.5764×10^{-5}	9.71×10^{-4}	1.62×10^{-2}	1.56×10^{-5}	9.61×10^{-4}

核电站安全壳不隔震和隔震在地震作用下的可靠度分别进行了 5000 次最不利截面的第一主应力抽样结果分析、5000 次最不利截面的第三主应力抽样结果分析以及 5000 次隔震层位移的抽样结果分析，抽样结果的频度见图 7-2～图 7-7。

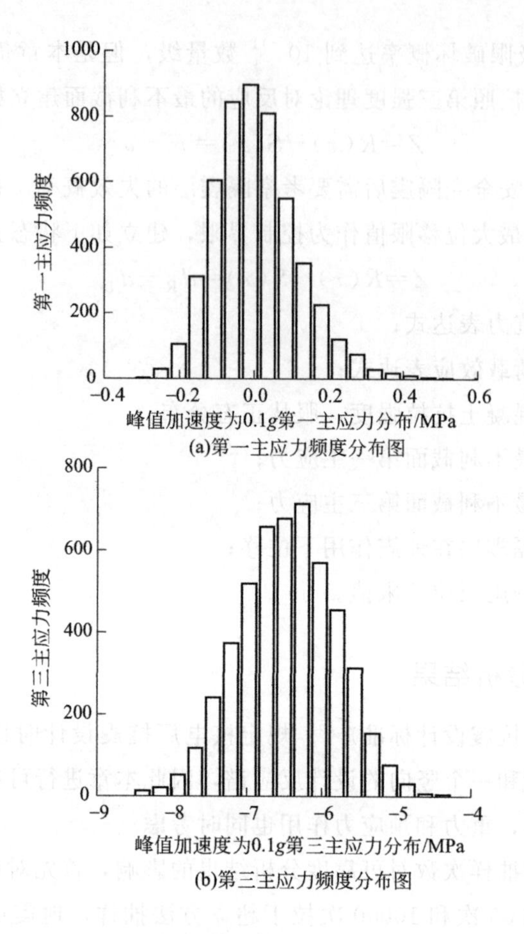

(a)第一主应力频度分布图

(b)第三主应力频度分布图

图 7-2　不隔震核电站安全壳在峰值加速度 $0.1g$ 工况下应力抽样分布

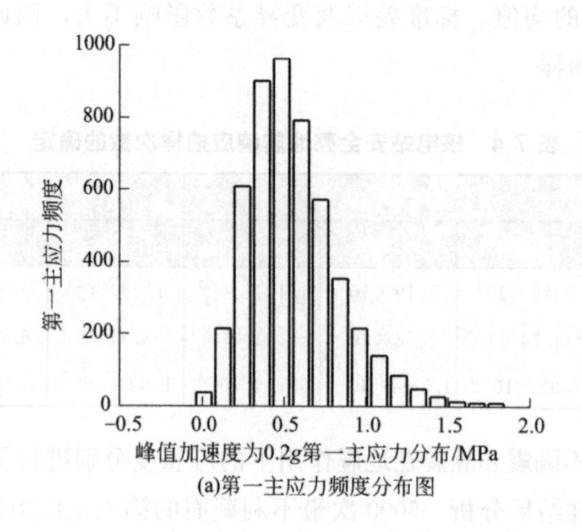

(a)第一主应力频度分布图

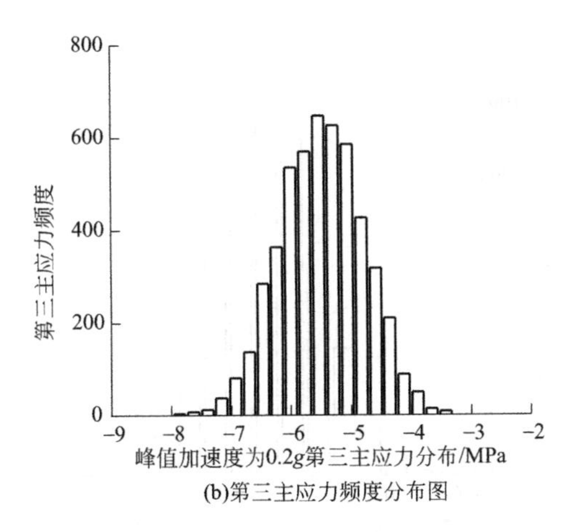

(b)第三主应力频度分布图

图 7-3　不隔震核电站安全壳在峰值加速度 0.2g 工况下应力抽样分布

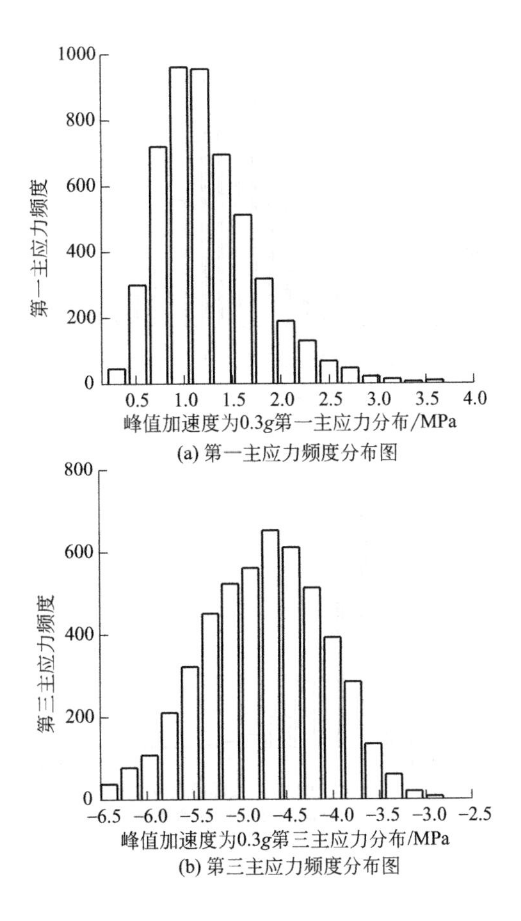

(b) 第三主应力频度分布图

图 7-4　不隔震核电站安全壳在峰值加速度 0.3g 工况下应力抽样分布

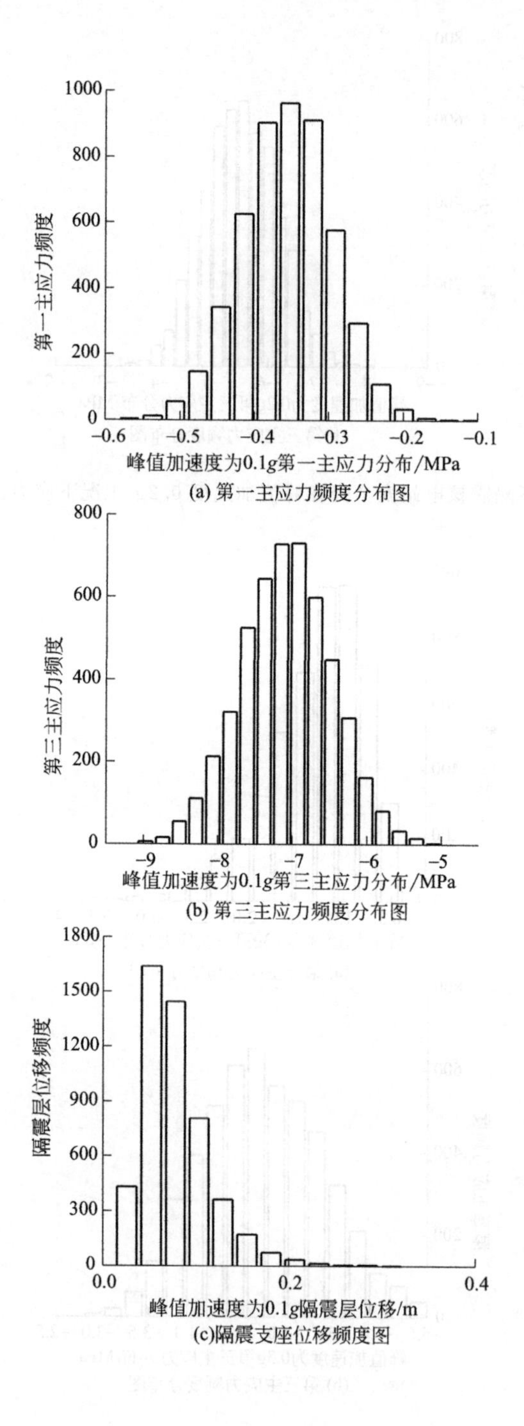

图 7-5　LRB 隔震下核电站安全壳在峰值加速度 0.1g 下应力与隔震位移抽样分布

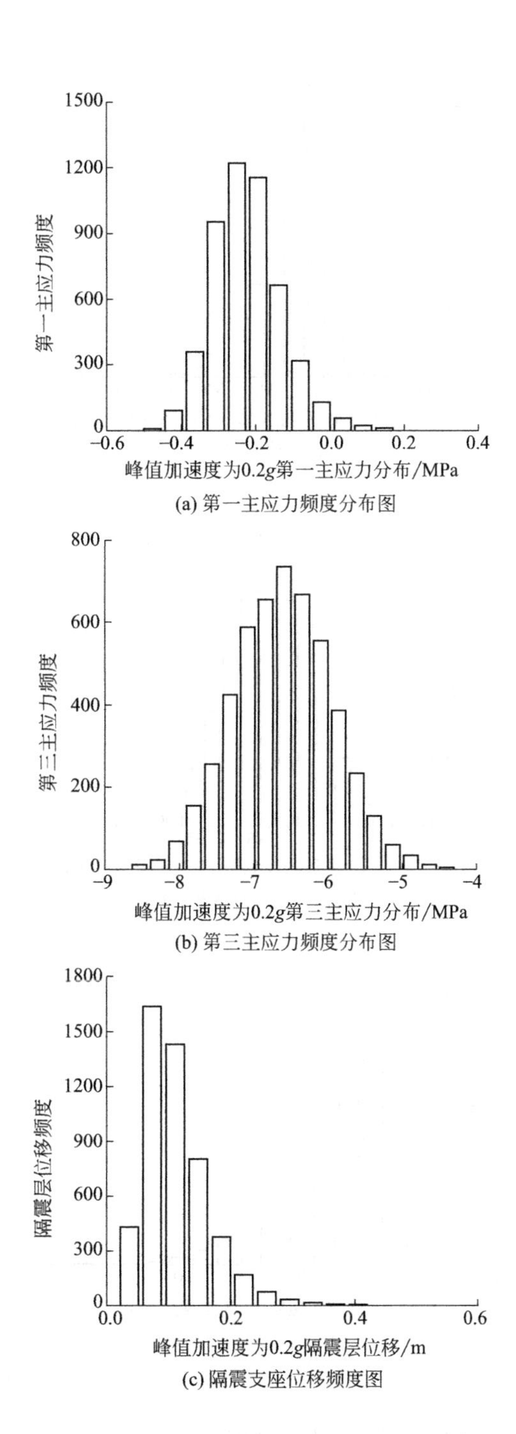

(a) 第一主应力频度分布图

(b) 第三主应力频度分布图

(c) 隔震支座位移频度图

图 7-6 LRB 隔震下核电站安全壳在峰值加速度 0.2g 下应力与隔震位移抽样分布

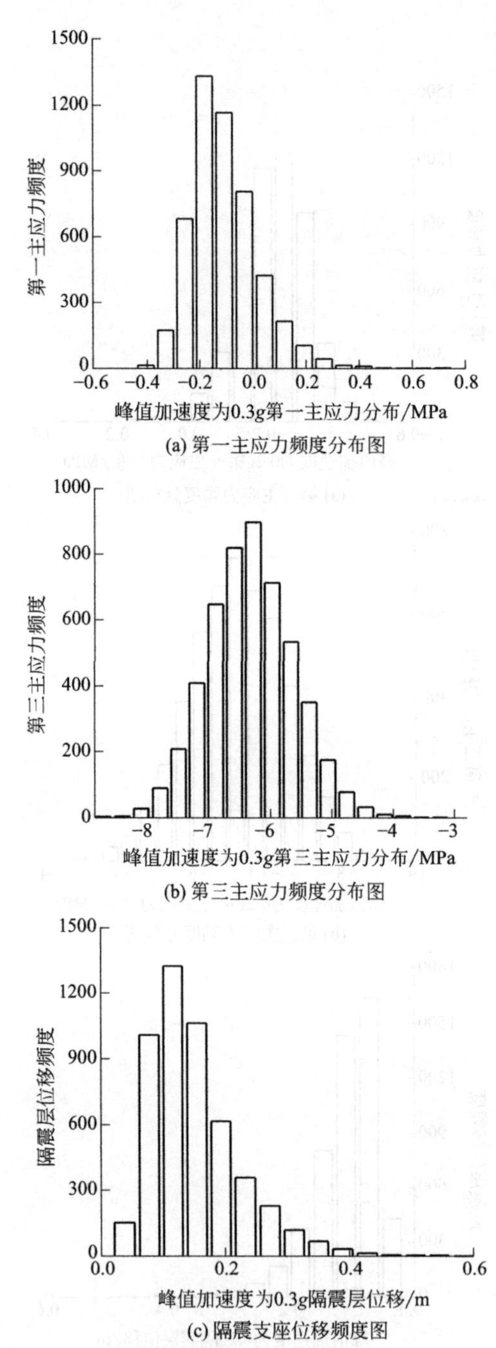

图 7-7 LRB 隔震下核电站安全壳在峰值加速度 $0.3g$ 下应力与隔震位移抽样分布

上述抽样频度图表明，不隔震核电站安全壳在峰值加速度为 $0.1g$ 下部分样本的第一主应力为负，即处于三向压应力状态，随着峰值加速度增加到 $0.2g$

时，所抽取样本的第一主应力全变为正，当峰值加速度继续增加到 0.3g 时，所抽取样本的第一主应力继续增加，并发现有超过混凝土抗拉应力均值的趋势。而LRB隔震核电站安全壳分析结果表明，当峰值加速度在 0.1g 时抽取样本的第一主应力几乎全为负值，即地震几乎对核电站安全壳没有任何不利影响；当峰值加速度增加到 0.2g 时，抽取样本中的极少部分第一主应力变为正；当峰值加速度继续增加到 0.3g 时，尽管抽取样本的较多部分第一主应力大于 0，但还达不到核电站安全壳混凝土的抗拉应力，隔震支座能够很好地控制核电站安全壳结构遭遇地震作用下的混凝土开裂。需要指出的是，增加隔震支座后的不利影响就是隔震层位移以及结构相对地面的整体位移会随着地震动峰值加速度的增加而增大，但所抽取样本的隔震层位移均在隔震支座的最大位移限值范围内。

不隔震和隔震核电站安全壳结构的绝对位移及位移变异系数见图 7-8～图 7-10。图 7-8～图 7-10 分别表示了核电站安全壳隔震和不隔震结构中筒壁底部，以筒壁底部开始计算 16m 高度处、32m 高度处、48m 高度处、58m 高度处、68m 高度处在不同设防烈度下的位移均值和位移均值的变异系数。从这些图中可以明显看到，核电站安全壳隔震后位移均值大大增加，表明整个结构位移大为增加，但是从位移均值图中也可注意到隔震核电站安全壳位移均值随着高度的倾斜度变小，核电站安全壳在隔震后层位移明显小于不隔震安全壳，这就从统计意义上表明了核电站安全壳隔震后的有效性，对于核电站安全壳混凝土在地震作用下开裂可以有效地预防，大大减小了对于核电站安全壳经常性的维护费用，同时在一定程度上也能减轻人们的恐慌。从位移变异系数图中可以看出，核电站安全壳隔震和不隔震结构随核电站安全壳高度的位移变异系数变化不大，这表明核电站安全壳刚度和质量沿高度分布较为均匀，在地震作用下位移变化也较为均匀。

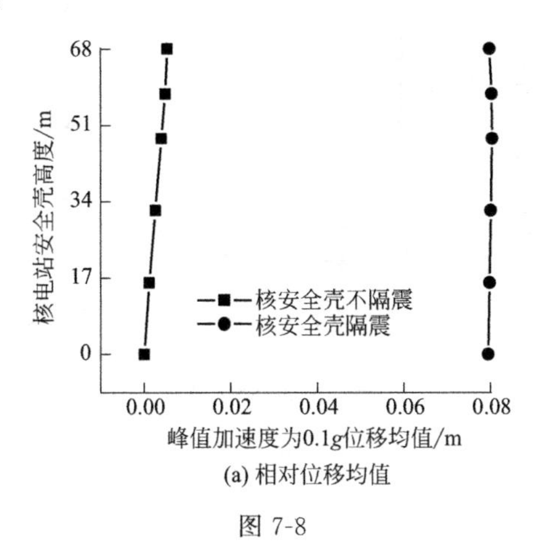

(a) 相对位移均值

图 7-8

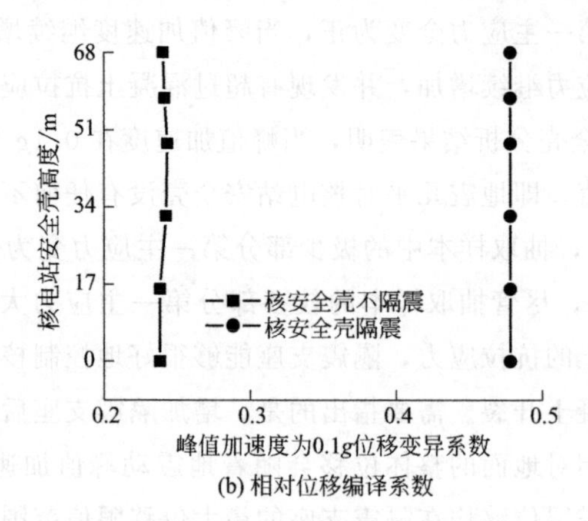

图 7-8 峰值加速度为 0.1g 下随核电站安全壳高度变化的相对位移均值和变异系数

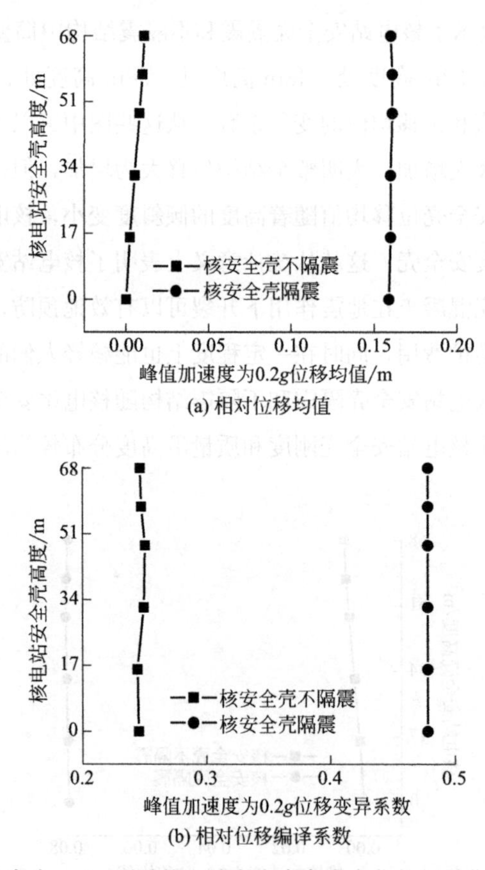

图 7-9 峰值加速度为 0.2g 下随核电站安全壳高度变化的相对位移均值和变异系数

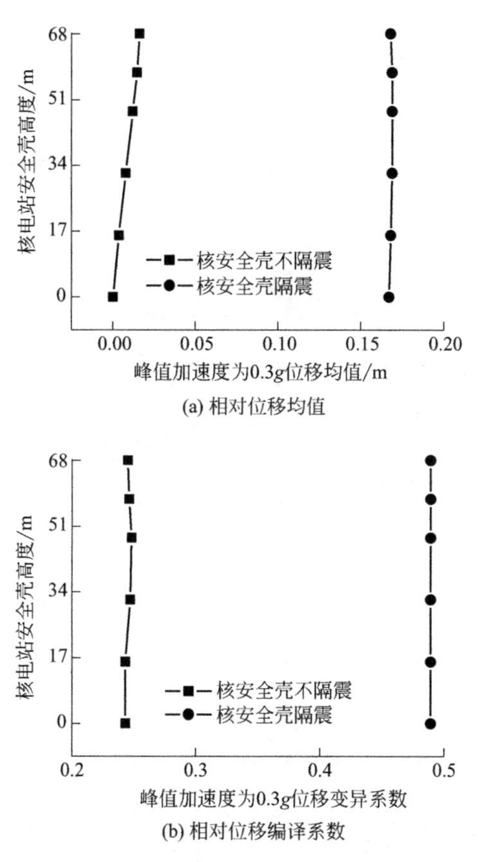

图 7-10　峰值加速度为 0.3g 下随核电站安全壳高度变化的相对位移均值和变异系数

7.3.7　参数敏感性分析

设计与工程人员除了关心结构的反应结果外，同样关注结构设计参数以及地震动参数对结构反应的影响趋势，这就是参数敏感性分析。本章利用上节分析得到的结构反应统计值，进一步研究不同随机参数对结构反应的影响程度，这里假定各类随机参数都相互独立。随机参数 X 和结构反应 Y 之间的相关系数[32]，按式(7-12)～式(7-14) 进行计算。

$$\rho_{XY}=\frac{COV(X,Y)}{\sqrt{D(X)}\sqrt{D(Y)}} \tag{7-12}$$

$$COV(X,Y)=E\{[X-E(X)][Y-E(Y)]\} \tag{7-13}$$

$$D(X)=COV(X,X) \tag{7-14}$$

式中　$COV(X, Y)$ ——X 与 Y 之间的协方差；

$D(\cdot)$ ——方差；

$E(\cdot)$ ——数学期望。

参数敏感性分析结果见图 7-11 和图 7-12。

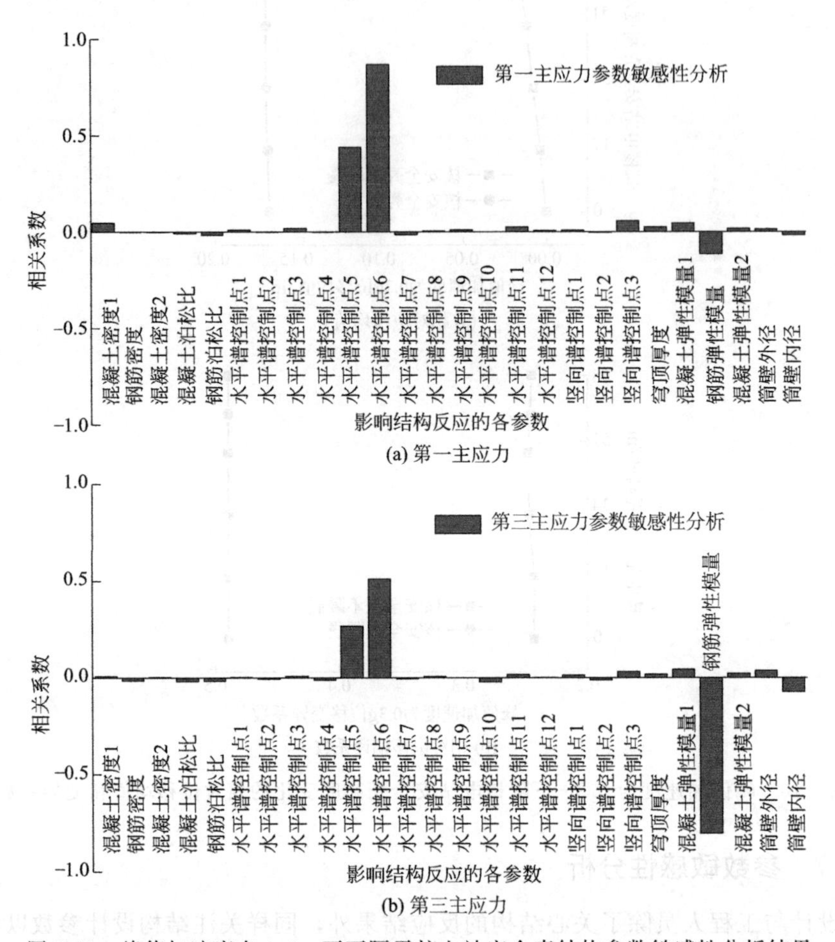

图 7-11　峰值加速度在 $0.3g$ 下不隔震核电站安全壳结构参数敏感性分析结果

图 7-11 和图 7-12 分别给出了不隔震和隔震核电站安全壳结构在峰值加速度为 $0.3g$ 下的参数敏感性结果，这表明：混凝土和钢筋弹性模量、混凝土泊松比、筒壁厚度对不隔震和隔震核电站安全壳结构反应影响均较大；对不隔震核电站安全壳结构，谱控制点对结构反应显著影响的区域集中在水平向反应谱的加速度敏感区，而对隔震核电站安全壳结构，谱控制点影响显著区域集中在水平向反应谱的位移敏感区；竖向地震动反应谱对隔震核电站安全壳的结构反应影响较大；核电站安全壳采用隔震支座后部分结构参数如混凝土和钢筋的弹性模量，混凝土泊松比对结构反应的影响程度大大增加。

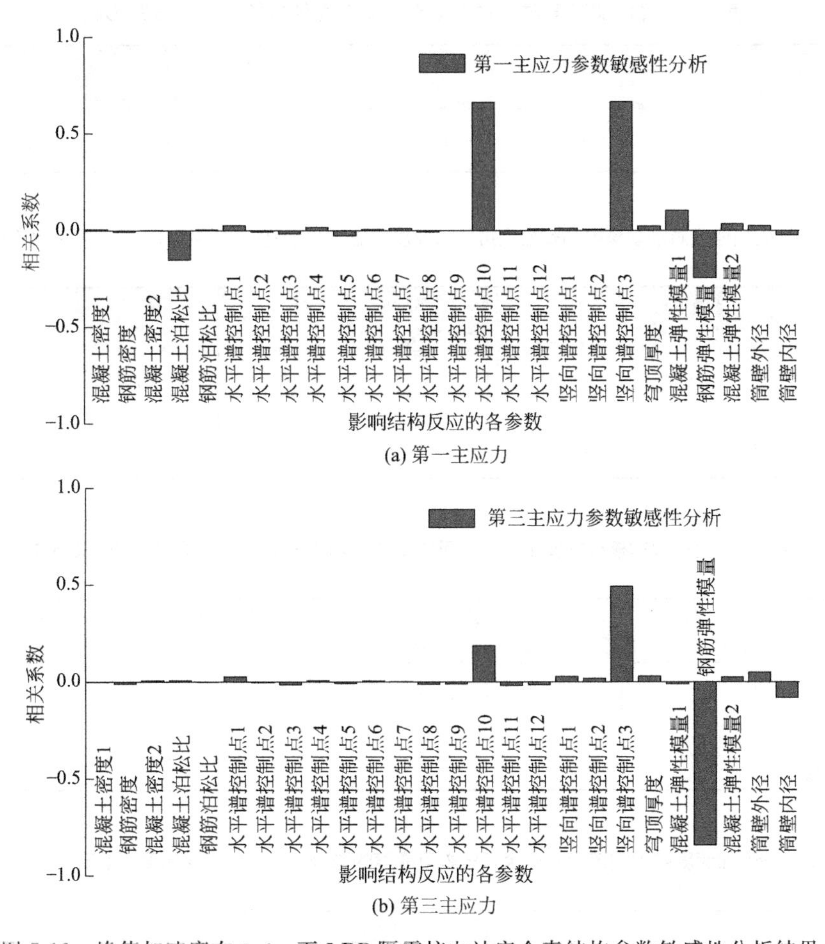

(a) 第一主应力

(b) 第三主应力

图 7-12 峰值加速度在 0.3g 下 LRB 隔震核电站安全壳结构参数敏感性分析结果

7.3.8 隔震支座参数变化对可靠度的影响

本节讨论了隔震支座参数变化对核电站安全壳结构抗震可靠度的影响。隔震支座参数包括等效水平刚度和等效阻尼比，其中变化等效水平总刚度会引起隔震核电站安全壳结构基本频率发生变化，等效水平总刚度值取不隔震核电站安全壳结构基本频率的 10%、15%、20%、25% 和 40%。等效阻尼比值定为 0.05、0.1、0.15 和 0.2。应注意计算隔震支座等效水平刚度对结构抗震可靠度的影响时，统一取阻尼比为 0.2；计算隔震支座等效阻尼比对结构抗震可靠度的影响时，取隔震支座总等效水平刚度为 97×4243000N/m（97 为布置隔震支座个数，4243000N/m 为单隔震支座等效水平刚度）进行分析。

隔震支座参数变化对结构抗震可靠度的结果见表 7-5～表 7-11。

表 7-5 峰值加速度对不隔震核电站安全壳结构抗震可靠度的影响

峰值加速度	0.3g	0.4g	0.5g	0.6g	0.7g	0.8g
混凝土开裂	3.08×10^{-2}	2.66×10^{-1}	6.12×10^{-1}	7.84×10^{-1}	9.21×10^{-1}	9.99×10^{-1}

表 7-6 峰值加速度对隔震核电站安全壳抗震可靠度的影响（总等效水平刚度= 4.11×10^{8}N/m）

峰值加速度	0.3g	0.4g	0.5g	0.6g	0.7g	0.8g
混凝土开裂	0	0	0	1×10^{-3}	2×10^{-3}	2.45×10^{-1}
隔震层失效	1×10^{-3}	1×10^{-2}	2×10^{-2}	4.8×10^{-2}	9.2×10^{-2}	1.46×10^{-1}

表 7-7 峰值加速度对隔震核电站安全壳抗震可靠度的影响（总等效水平刚度= 7.88×10^{8}N/m）

峰值加速度	0.3g	0.4g	0.5g	0.6g	0.7g	0.8g
混凝土开裂	0	0	1×10^{-3}	1.3×10^{-3}	4×10^{-3}	3.08×10^{-1}
隔震层失效	0	0	0	1×10^{-3}	4×10^{-3}	1×10^{-2}

表 7-8 峰值加速度对隔震核电站安全壳抗震可靠度的影响（总等效水平刚度= 1.58×10^{9}N/m）

峰值加速度	0.3g	0.4g	0.5g	0.6g	0.7g	0.8g
混凝土开裂	0	0	1.36×10^{-3}	3×10^{-3}	1.1×10^{-2}	4.45×10^{-1}
隔震层失效	0	0	0	0	0	0

表 7-9 峰值加速度对隔震核电站安全壳抗震可靠度的影响（总等效水平刚度= 2.62×10^{9}N/m）

峰值加速度	0.3g	0.4g	0.5g	0.6g	0.7g	0.8g
混凝土开裂	0	0	5.3×10^{-3}	1.3×10^{-2}	5.7×10^{-2}	6.2×10^{-1}
隔震层失效	0	0	0	0	0	0

表 7-10　峰值加速度对隔震核电站安全壳抗震可靠度的影响（总等效水平刚度= 7.88×10^9N/m）

峰值加速度	0.3g	0.4g	0.5g	0.6g	0.7g	0.8g
混凝土开裂	0	0	2.07×10^{-1}	5.04×10^{-1}	7.49×10^{-1}	9.82×10^{-1}
隔震层失效	0	0	0	0	0	0

隔震支座等效水平刚度变化对核电站安全壳可靠度的影响可以归纳为：随着隔震支座等效水平刚度的增加，隔震层失效的概率减小，且当隔震结构频率近似为不隔震结构频率的20%时，失效概率为0；随着隔震支座等效水平刚度的增加，核电站安全壳混凝土开裂的概率增加，当隔震支座总等效水平刚度增加到7.88×10^9N/m时，混凝土开裂的失效概率已经远大于不隔震核电站安全壳的失效概率；观察所选择的隔震支座等效水平刚度对可靠度的影响，若要使隔震核电站安全壳完全不发生失效，至少可使核电站安全壳设防标准从0.3*g*提高到0.4*g*；随着峰值加速度的不断增加，当峰值加速度增加到0.7*g*时，不同等效水平刚度下的混凝土开裂概率和隔震层失效概率都非常小，绝大部分都小于不隔震核电站安全壳在峰值加速度为0.3*g*下混凝土开裂的失效概率；考虑核电站的复杂性和重要性，隔震支座在地震作用下不能失效，通过合理地选择隔震支座的等效水平刚度仍可使核电站安全壳混凝土开裂在峰值加速度为0.7*g*时保持在较小的失效概率范围内；观察核电站安全壳隔震结构在0.8*g*时的情况，可以看出不同等效水平刚度对应的核电站安全壳混凝土开裂的失效概率已经超过峰值加速度在0.3*g*下不隔震核电站安全壳的失效概率，且数量级还大一个级别。

以上分析表明核电站安全壳采用隔震技术的有效性，与不隔震核电站安全壳相比，隔震核电站安全壳在峰值加速度大大增加的情况下（增加到0.7*g*）仍可保持等同甚至更小的失效概率。

表7-11给出了峰值加速度为0.6*g*下等效阻尼比变化对可靠度的影响，等效阻尼比变化对于隔震层失效的敏感性大于混凝土开裂的敏感性；随着隔震层等效阻尼比变小，上部结构的混凝土开裂概率增大，但是变化并不明显，对于隔震层，随着等效阻尼比的减小，失效概率也在逐渐增加，变化幅度大于上部结构混凝土开裂的情况。本章仅讨论了峰值加速度在0.6*g*下且总等效水平刚度为97×4243000N/m的情况，其他情况与此类似，在此并未一一列出。

表 7-11　峰值加速度为 0.6g 下隔震层等效阻尼比变化对核电站安全壳抗震可靠度的影响

等效阻尼比	0.2	0.15	0.1	0.05
混凝土开裂概率	1×10^{-3}	1×10^{-3}	2×10^{-3}	3×10^{-3}
隔震层失效概率	4.8×10^{-2}	5.2×10^{-2}	1.09×10^{-1}	2.09×10^{-1}

7.4 本章小结

本章进行了不隔震和隔震核电站安全壳结构的抗震可靠度分析，采用了两种方法：其一是反应谱分析法，其二是拉丁超立方抽样方法。比较了不隔震和隔震核电站安全壳抗震可靠度分析的结果，给出了结构参数与地震动参数对结构反应的影响程度，归纳如下。

① 隔震支座对核电站安全壳结构的开裂有很好的控制作用，但需要合理地选择隔震支座参数如等效水平刚度和等效阻尼比，以便将隔震层位移限制在安全范围内。

② 混凝土和钢筋的弹性模量，混凝土的泊松比和筒壁厚度对不隔震和隔震核电站安全壳结构地震反应影响较大；对不隔震核电站安全壳结构，谱控制点对结构反应显著影响的区域集中在水平向反应谱的加速度敏感区，而对隔震核电站安全壳结构，集中于位移敏感区；核电站安全壳采用隔震支座后部分结构参数如混凝土和钢筋的弹性模量，混凝土泊松比对结构反应的敏感性大大增加。

③ 随着隔震支座等效水平刚度的增加，隔震层失效的概率减小，但是核电站安全壳混凝土开裂的概率增加，合理选择隔震支座等效水平刚度，隔震核电站安全壳在峰值加速度大大增加的情况下（增加到 $0.7g$）仍可保持与不隔震安全壳基本等同甚至更小的失效概率；等效阻尼比变化对于隔震层失效的敏感性大于混凝土开裂的敏感性，隔震层等效阻尼比变化对上部结构影响不是很明显，而对于隔震层，随着等效阻尼比的减小，失效概率大大增加。

第8章 隔震核电站安全壳抗震裕度

核电站结构及其设备设计时通常分为两个层次：第一个层次是运行基准地震（Operational Basic Earthquake，OBE），其峰值加速度不小于0.075g且不小于安全停堆地震（Safe Shutdown Earthquake，SSE）的1/2；第二个层次是安全停堆地震，其峰值加速度不小于0.15g。通常情况下按上述设计标准设计的核电站是没有问题的，但是随着地壳板块的运动、新断层的出现以及场地勘察的不确定性使得核电站结构及设备可能承受超过设计地震标准的地震。

因此，本书继续评估现有核电站结构及设备的极限抗震能力。方法采用EPRI（Electric Power Research Institute）报告中确定性抗震裕度分析标准（Deterministic Seismic Margins Assessments Criteria，SMA）中建议的方法，即保守的确定性失效裕度分析方法（Conservative Deterministic Failure Margin Method of Analysis，CDFM）。隔震与不隔震核电站安全壳抗震裕度均进行了对比。

8.1 抗震裕度分析方法介绍

目前，有两种方法评估核电站结构及设备的抗震安全性：第一种是抗震易损性分析方法（Seismic Fragility Method of Analysis，SFA）；第二种是保守的确定性失效裕度分析方法（Conservative Deterministic Failure Margin Method of Analysis，CDFM）。前一种方法是概率方法，而后一种方法是确定性的方法。本书主要利用CDFM法进行了隔震与不隔震核电站安全壳抗震裕度的对比。

8.1.1 保守的确定性失效裕度分析方法

核电站安全壳保守的确定性失效裕度评价过程按照 EPRI 报告[33]的方法进行。计算核电站安全壳抗震需求时，首先要确定场地经历过的地震水平（Review Level Earthquake，RLE），即该场地具有一定概率可能发生的地震，以得到核电站安全壳在该地震水平下的线弹性需求 D_s。CDFM 方法同样规定了结构能力 C 的计算步骤。在线弹性反应的前提下，传统的能力与需求之比就可以表示为式(8-1)。

$$(C/D)_E=\frac{C-\Delta C_s}{D_s+D_{Ns}} \tag{8-1}$$

式中 D_{Ns}——非地震荷载（包括重力荷载，压力荷载等）；

ΔC_s——地震作用所导致抗震能力的降低。

对于允许有一定非弹性反应水平的能力与需求之比 $(C/D)_I$，可以表示为式(8-2)。

$$(C/D)_I=\frac{C-K_\mu \Delta C_s}{K_\mu D_s+D_{Ns}} \tag{8-2}$$

式中 K_μ——延性折减系数，取为非弹性耗能比值 F_μ 的倒数。

从式(8-2) 可以得出当 $(C/D)_I \geqslant 1$ 时，$\frac{F_\mu(C-D_{Ns})}{D_s+\Delta C_s} \geqslant 1$，由此定义：

$$(FS)_E=\frac{(C-D_{Ns})}{D_s+\Delta C_s} \tag{8-3}$$

$$(FS)_I=(FS)_E \cdot F_\mu \tag{8-4}$$

$$\mathrm{HCLPF}=(FS)_I \cdot RLE \tag{8-5}$$

由式(8-3)～式(8-5) 可得当 $(C/D)_I \geqslant 1$ 时，高置信度低失效概率值（High Confidence of a Low Probability of Failure，HCLPF）将大于 RLE，$(FS)_E$ 和 $(FS)_I$ 分别为弹性反应和允许的非弹性反应的强度比例因子。

需要指出的是，利用上式计算 HCLPF 能力时，RLE 可以设定为包含 SSE 在内的能够用来求解结构弹性需求的任何值。

8.1.2 抗震易损性分析方法

抗震易损性分析方法用于核电站地震危险性分析已有很长的历史。结构的抗震易损性定义为给定地震输入参数（如地面峰值加速度）下结构的条件失效概率。核结构和设备通常利用抗震易损性分析方法给出 50%、95%和 5%保证率的易损性曲线。确定结构或设备的易损性曲线需要首先获得地震反应数据的统计分布规律，假定其分布为双对数正态模型，易损性曲线则可以用三个参数表示：构件的平均能力 A_m，反映能力随机特性的对数标准差 β_R，反映平均能力的对数标准差 β_U。

本书在核电站安全壳结构的抗震易损性评估中假定变量均为独立变量，且同时将结构抗震能力和反应因素作为变量。其中，影响结构抗震能力的因素包括：强度因子 F_s，即构件或结构极限强度与设计强度的比值；非弹性能量耗散因子 F_μ，该值与结构的延性和地震强度有关。影响结构反应的因素包括：谱的形状，阻尼，模型，模态组合方法，地震动各分量的贡献，土结构相互作用，水平地震方向。

对于控制结构失效的各种模式，平均安全因子 F_i 以及相关的不确定性 $(\beta_U)_i$ 和 $(\beta_R)_i$ 按上述影响因素一一确定。平均抗震能力 A_m、控制结构失效模式的 β_R 和 β_U 按式(8-6)～式(8-8) 确定：

$$A_m=(\prod F_i)\times(A_{SSE}) \tag{8-6}$$

$$\beta_R=\{\sum(\beta_R)_i^2\}^{1/2} \tag{8-7}$$

$$\beta_U=\{\sum(\beta_U)_i^2\}^{1/2} \tag{8-8}$$

EPRI 建议 HCLPF 抗震能力值采用 95%的保证率即条件失效概率小于 5%确定。HCLPF 抗震能力值同样可以采用平均抗震能力和变异性推出：

$$\mathrm{HCLPF}=A_m\exp[-1.65(\beta_R+\beta_U)] \tag{8-9}$$

后续内容评价了核电站安全壳的剪切能力、弯曲能力和非弹性耗能能力。值得注意的是，本书选用的核电站安全壳抗震设计水平向与竖向峰值加速度分别为 $0.2g$ 和 $0.13g$。

8.2 不隔震核电站安全壳抗震裕度

8.2.1 地震作用及其他荷载对核电站安全壳的需求

由于核电站安全壳抗震设计时采用峰值加速度为 $0.2g$ 的水平和 $0.13g$ 竖直方向的设计地震作为 SSE，故取其 SSE 作为 RLE。

RLE 水平地震反应谱采用了 Newmark-Hall 改进谱[25]，其中阻尼比为 5%的控制点放大系数和频率见表 8-1，而谱形状见图 8-1 所示。注意，这里采用的 Newmark-Hall 谱的概率水平为 84.1%，符合 CDFM 方法规定的取值保守程度。

表 8-1 水平设计反应谱控制点的相对谱值放大系数

阻尼比/%	均值加 1 倍标准差(累计概率为 84.1%)			均值(累计概率为 50%)		
	α_A	α_V	α_D	α_A	α_V	α_D
0.5	5.10	3.84	3.04	3.68	2.59	2.01
1	4.38	3.38	2.73	3.21	2.31	1.82
2	3.66	2.92	2.42	2.74	2.03	1.63
3	3.24	2.64	2.24	2.46	1.86	1.52
5	2.71	2.30	2.01	2.12	1.65	1.39
7	2.36	2.08	1.85	1.89	1.51	1.29
10	1.99	1.84	1.69	1.64	1.37	1.20
20	1.26	1.37	1.38	1.17	1.08	1.01

注：地面峰值的关系规定如下：①对于岩石场地 V/A 取 36(in/s)/g，对完整的土层场地 V/A 取 48(in/s)/g；②为了保证反应谱具有足够的频带宽度以代表可能范围内的地震，规定 AD/V^2 大约取 6；③竖向设计反应谱近似取为水平设计反应谱在整个频域范围内的 2/3。

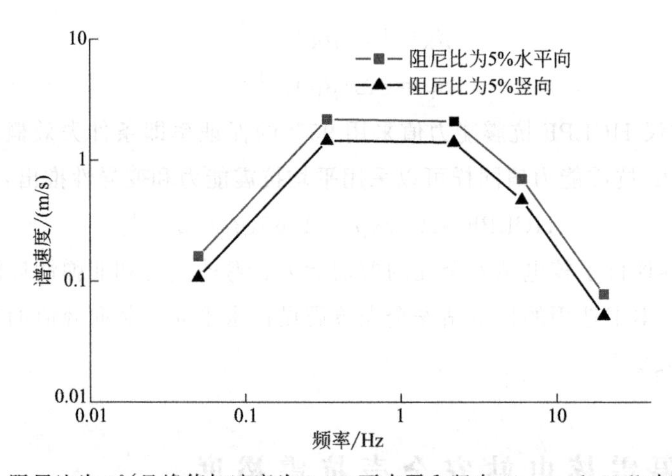

图 8-1 阻尼比为 5%且峰值加速度为 1.0g 下水平和竖向 Newmark-Hall 改进反应谱

在核电站安全壳结构抗震裕度评估中，一般应该选取最不利截面进行评估，例如抗剪力、环向钢筋应力、竖向钢筋配筋率发生变化的位置。本书主要进行隔震与不隔震安全壳安全裕度的对比，同时基础与筒体交界处往往是最不利截面位置，因此后续抗震裕度评估主要针对此截面位置。根据 EPRI 报告[33]，内部设计基准事故压力取为 1.897kg/cm^2。恒荷载下的竖向应力、内部压力荷载下的竖向应力和环向应力经计算分别为：$\sigma_{mDL}=-1.68$MPa，$\sigma_{mp}=1.676$MPa，$\sigma_{hp}=3.445$MPa。非地震荷载引起的结构需求按式(8-10) 计算：

$$D_{Ns}=\frac{\sigma_{hp}+\sigma_{mp}+\sigma_{mDL}}{2} \tag{8-10}$$

0.2g 水平方向地震作用下引起的基础与筒体交界处的剪力和弯矩经计算分别为 $V_s=1.409\times10^5$kN 和 $M_s=5.40\times10^6$kN·m。0.133g 竖向地震作用引起的竖向应力为：$\sigma_{mSV}=0.23$MPa。地震作用导致结构能力的降低程度按式(8-11) 计算：

$$\Delta C_s=\frac{\sigma_{hS}+\sigma_{mSV}}{2} \tag{8-11}$$

式中 σ_{hS}——地震作用引起的环向应力。

8.2.2 核电站安全壳抗剪能力

将核电站安全壳筒体视为具有一定厚度的膜，地震作用将导致膜产生沿膜切线方向的剪切力。与钢筋相比，混凝土对于切向抗剪能力的贡献较小，因此本书没有考虑混凝土的抗剪强度。混凝土的切线抗剪能力根据 Ogaki 实验结果[33] 给出的极限抗剪能力V_U 计算，见式(8-12)。

$$V_U=\frac{\phi\nu_U\pi D_c t_\omega}{\alpha} \tag{8-12}$$

式中 ϕ——强度折减系数，取 0.85，其目的是提供 84%的超越概率；

ν_U——极限抗剪应力。

有效抗剪面积计算根据式(8-13) 计算：

$$A_e=\frac{\pi D_c t_\omega}{\alpha} \tag{8-13}$$

式中 D_c——核电站安全壳圆筒的内径；

t_ω——圆筒壁厚；

α——将抗剪全截面转化为有效抗剪截面的系数，α 可按 Ogaki 建议的方法确定[33]，见式(8-14)。

$$\begin{cases}\alpha=2.0, M/VD_0\leqslant0.5\\ \alpha=0.667(M/VD_0)+1.67, 0.5\leqslant M/VD_0\leqslant1.25\\ \alpha=2.5, M/VD_0\geqslant1.25\end{cases} \tag{8-14}$$

式中 M——弯矩；

V——剪力；

D_0——核电站安全壳圆筒的外径。

$$\nu_U=0.8\sqrt{f_c^{\prime}}+(\rho\sigma_y)_{AVER} \tag{8-15}$$

同时，ν_U 应满足：$\nu_U \leqslant 21.1\sqrt{f_c'}$，其中 ν_U 和 f_c' 单位均为正。

$$(\rho\sigma_y)_{AVER}=\frac{(\rho_h+\rho_m)}{2}f_y+\frac{(\rho_{ph}+\rho_{pm})}{2}f_{py} \tag{8-16}$$

式中 ρ_h——环向钢筋配筋率；

ρ_m——径向钢筋配筋率；

ρ_{ph}——环向预应力钢筋配筋率；

ρ_{pm}——径向预应力钢筋配筋率；

f_y——钢筋屈服应力；

f_{py}——预应力钢筋屈服应力。

8.2.3 核电站安全壳抗弯能力

核电站安全壳的弯曲强度 M_U 可以将安全壳假定为悬臂管柱简化计算。其计算方程可以表示为：

$$M_U=M_c+M_p+M_s+M_l \tag{8-17}$$

式中 M_c——混凝土对弯曲强度的贡献；

M_s——钢筋对弯曲强度的贡献；

M_p——预应力钢筋对弯曲强度的贡献；

M_l——钢衬里对弯曲强度的贡献。

8.2.4 HCLPF 值计算

抗剪能力：根据式(8-3)，抗剪能力可用 $C-D_{Ns}$ 表示，即 ν_U-D_{Ns}，根据核电站安全壳结构参数，取 $f_c'=32.4\text{MPa}$、$f_{py}'=1846.8\text{MPa}$、$f_y=410.4\text{MPa}$、$\rho_h=0.017$、$\rho_m=0.0078$、$\rho_{ph}=0.0011$、$\rho_{pm}=0.000$，其中抗压强度和屈服强度按 95%的概率确定，ρ_p 和 ρ_m 按文献［33］和［34］取值。

抗剪需求：根据式(8-13)，$M_s/V_sD_0=0.913$，同时，可求得 $\alpha=2.28$，因此抗剪有效面积为 $A_s=60.62\text{m}^2$；然后根据式(8-3)，抗剪需求可用 $D_s+\Delta C_s$ 表示，其中 $D_s=\frac{V_s}{\phi A_s}=2.73\text{MPa}$，$\Delta C_s=0.115\text{MPa}$。

抗弯能力：经过计算得到混凝土、钢筋、预应力钢筋、钢衬里对弯矩的贡献分别为 $3.173\times10^{10}\text{N}\cdot\text{m}$、$3.133\times10^{9}\text{N}\cdot\text{m}$、$1.99\times10^{10}\text{N}\cdot\text{m}$、$1.255\times10^{9}\text{N}\cdot\text{m}$。

抗弯需求：按 8.2.1 部分计算 M_s 为 $5.4\times10^{6}\text{kN}\cdot\text{m}$。

将以上计算结果列表见表 8-2。

表 8-2 核电站安全壳能力需求之比

基础与筒体交界处	能力	需求	能力/需求
截面剪应力	13.9MPa	2.850MPa	4.877
截面弯矩	5.601×10^{10}N・m	5.4×10^{9}N・m	10.321

从表 8-2 可以看出核电站安全壳在地震作用下抗剪能力将起控制作用。根据文献 [33]，本书取 1.5 作为核电站安全壳的延性系数。

根据式(8-5)，核电站安全壳能够抵抗的 HCLPF 能力为：HCLPF(SME)＝$4.877\times1.25\times(0.2g)=1.219g$。

8.3 隔震核电站安全壳抗震裕度

8.3.1 地震作用及其他荷载对隔震核电站安全壳的需求

将核电站安全壳结构简化为一多自由度体系，仍然取用 Newmark-Hall 改进反应谱[25]，最不利截面位置仍选取基础与筒体交界处位置。恒荷载下的竖向应力、内部压力荷载下的竖向应力和环向应力分别为：$\sigma_{mDL}=-1.68$MPa、$\sigma_{mp}=1.676$MPa、$\sigma_{hp}=3.445$MPa。同时，$0.2g$ 水平方向地震作用引起的基础与筒体交界处的剪力和弯矩分别为：$V_s=2.9\times10^7$N，$M_s=9.6\times10^8$N・m。$0.133g$ 竖向地震作用引起的竖向应力为：$\sigma_{mSV}=0.23$MPa。

8.3.2 隔震核电站安全壳抗弯与抗剪能力

根据上节抗剪与抗弯能力计算方法进行计算，不同之处是增加了隔震支座的抗剪能力，隔震橡胶支座变形能力通常需满足 0.55 倍橡胶支座有效直径和 3 倍橡胶层厚度的较大值，本书取 605mm 作为隔震支座的抗剪能力。

8.3.3 HCLPF 值计算

安全壳抗剪能力：根据式(8-3)，抗剪能力可用 $C-D_{Ns}$ 表示，即 ν_U-D_{Ns}，根据第 2 章所建核电站安全壳模型参数，取 $f'_c=32.4$MPa、$f_{py}=1846.8$MPa，$f_y=410.4$MPa、$\rho_h=0.017$、$\rho_m=0.0078$、$\rho_{ph}=0.011$、$\rho_{pm}=0.000$，其中抗压强度和屈服强度按 95% 的概率确定。经计算得 $\nu_U=15.62$MPa，$D_{Ns}=1.7205$MPa。

安全壳抗剪需求：根据式(8-13)，$M_s/V_sD_0=0.78$，可求得 $\alpha=2.19$，从而

可得抗剪有效面积为 $A_s=63.055\text{m}^2$；然后根据式(8-3)，抗剪需求可用 $D_s+\Delta C_s$ 表示，其中 $D_s=\frac{V_s}{\phi A_s}=0.543\text{MPa}$，$\Delta C_s=0.115\text{MPa}$。

隔震支座抗剪能力：根据隔震橡胶支座变形性能应能超过 0.55 倍橡胶支座有效直径和 3 倍橡胶层厚度的较大值，故取 605mm 作为隔震支座的抗剪能力。

隔震支座抗剪需求：采用隔震支座 100％等效水平刚度计算，得到 0.2g Newmark-Hall 反应谱下抗剪需求为 145.8mm。

抗弯能力：经过计算得到混凝土、钢筋、预应力钢筋、钢衬里对弯矩的贡献分别为 $3.173\times10^{10}\text{N}\cdot\text{m}$、$3.133\times10^{9}\text{N}\cdot\text{m}$、$1.99\times10^{10}\text{N}\cdot\text{m}$、$1.255\times10^{9}\text{N}\cdot\text{m}$。

抗弯需求：按 8.3.1 部分计算 M_s 为 $9.6\times10^{8}\text{N}\cdot\text{m}$。

将以上计算结果列表见表 8-3。

表 8-3　核电站安全壳隔震能力需求之比

基础与筒体交界处	能力	需求	能力/需求
截面剪应力	13.9MPa	0.658MPa	21.12
截面弯矩	$5.601\times10^{10}\text{N}\cdot\text{m}$	$0.96\times10^{9}\text{N}\cdot\text{m}$	58.36
剪切位移(隔震支座)	605mm	145.8mm	4.15

从表 8-3 可以看出隔震核电站安全壳在地震作用下隔震支座的抗剪能力将起控制作用。由于在地震作用下隔震支座已经处于非弹性变形，故不考虑 F_μ。隔震核电站安全壳能承受的 HCLPF 能力为：HCLPF(SME)＝4.15×(0.2g)＝0.83g。

不隔震与隔震核电站安全壳抗震裕度对比结果表明，隔震后上部结构的安全裕度大大增加，从而保护了上部结构不被破坏，但是为了保证隔震支座在地震作用下不先发生破坏，选择合理的隔震支座既能有效提高上部结构的安全裕度，还能防止其先前失效。

8.4　隔震支座参数变化对抗震裕度的影响

8.4.1　隔震支座等效水平刚度对抗震裕度的影响

隔震支座的总等效水平刚度分别取 2841000N/m、4243000N/m、4613000N/m、5128000N/m、5489000N/m、8000000N/m、12000000N/m。应注意，这里为了对比隔震支座等效水平刚度对抗震裕度的影响，并为考虑隔震支座阻尼发生变化的情况，等效阻尼比均取 20%。

隔震支座等效刚度变化时计算的结构抗震能力需求如表 8-4～表 8-10 所列。隔震支座等效水平刚度变化时抗震裕度曲线如图 8-2 所示。

表 8-4　总等效水平刚度为 2841000N/m 隔震核电站安全壳能力需求之比

基础与筒体交界处	能力	需求	能力/需求
截面剪应力	13.9MPa	0.527MPa	26.37
截面弯矩	5.601×10^{10}N·m	0.728×10^{9}N·m	76.97
剪切位移(隔震支座)	605mm	165.9mm	3.65

表 8-5　总等效水平刚度为 4243000N/m 隔震核电站安全壳能力需求之比

基础与筒体交界处	能力	需求	能力/需求
截面剪应力	13.9MPa	0.658MPa	21.12
截面弯矩	5.601×10^{10}N·m	0.96×10^{9}N·m	58.36
剪切位移(隔震支座)	605mm	145.8mm	4.15

表 8-6　总等效水平刚度为 4613000N/m 隔震核电站安全壳能力需求之比

基础与筒体交界处	能力	需求	能力/需求
截面剪应力	13.9MPa	0.674MPa	20.62
截面弯矩	5.601×10^{10}N·m	0.99×10^{9}N·m	56.33
剪切位移(隔震支座)	605mm	138.95mm	4.35

表 8-7　总等效水平刚度为 5128000N/m 隔震核电站安全壳能力需求之比

基础与筒体交界处	能力	需求	能力/需求
截面剪应力	13.9MPa	0.703MPa	19.76
截面弯矩	5.601×10^{10}N·m	1.05×10^{9}N·m	53.49
剪切位移(隔震支座)	605mm	131.4mm	4.60

表 8-8　总等效水平刚度为 5489000N/m 隔震核电站安全壳能力需求之比

基础与筒体交界处	能力	需求	能力/需求
截面剪应力	13.9MPa	0.723MPa	19.22
截面弯矩	5.601×10^{10}N·m	1.08×10^{9}N·m	51.75
剪切位移(隔震支座)	605mm	126.7mm	4.77

表 8-9　总等效水平刚度为 8000000N/m 隔震核电站安全壳能力需求之比

基础与筒体交界处	能力	需求	能力/需求
截面剪应力	13.9MPa	0.845MPa	16.45
截面弯矩	5.601×10^{10}N・m	1.30×10^{9}N・m	43.06
剪切位移(隔震支座)	605mm	103.6mm	5.84

表 8-10　总等效水平刚度为 12000000N/m 隔震核电站安全壳能力需求之比

基础与筒体交界处	能力	需求	能力/需求
截面剪应力	13.9MPa	1.00MPa	13.717
截面弯矩	5.601×10^{10}N・m	1.58×10^{9}N・m	35.30
剪切位移(隔震支座)	605mm	83.1mm	7.28

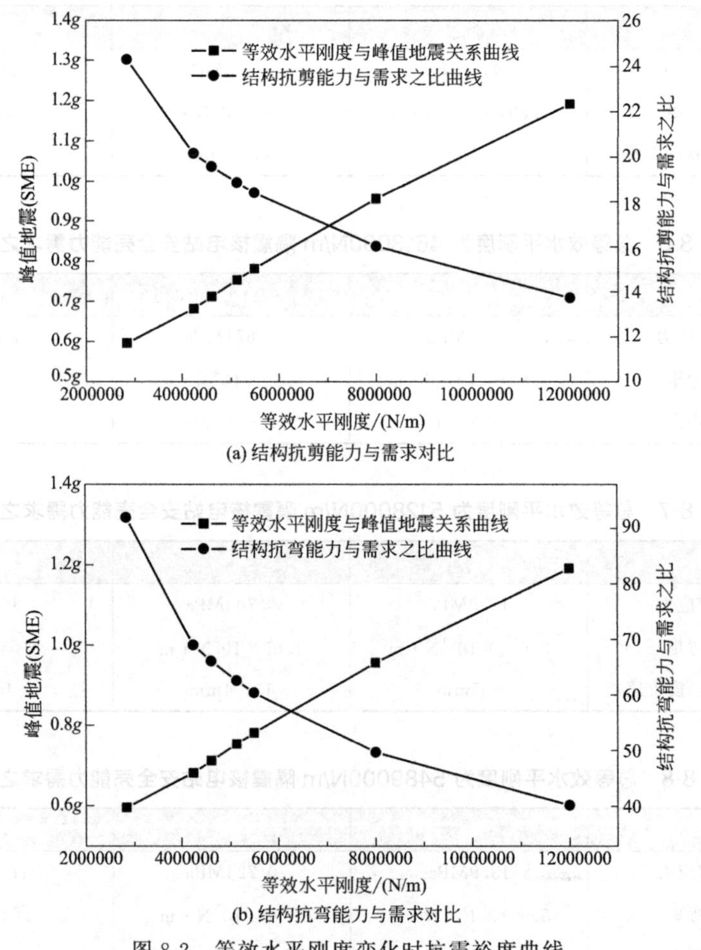

(a) 结构抗剪能力与需求对比

(b) 结构抗弯能力与需求对比

图 8-2　等效水平刚度变化时抗震裕度曲线

以上分析表明，隔震支座等效水平刚度的变化会改变核电站安全壳整体的抗震裕度，随着等效水平刚度的增加，结构整体的抗震裕度也在增加，但是上部结构的能力需求比减小，隔震支座本身的作用就大大减小，所以在选用隔震支座时，当选择较柔的隔震支座时，应增加必要的限位措施，保证隔震支座与上部结构的连接。

8.4.2 隔震支座等效阻尼比对抗震裕度的影响

隔震支座的等效阻尼比分别取 0.05、0.1、0.15 和 0.2。注意，为了对比等效阻尼比对抗震裕度的影响，并未大范围考虑隔震支座等效水平刚度变化的情况，这里等效水平刚度均取为 4243000N/m 和 8000000N/m。

等效阻尼比变化计算的结构抗震能力需求见表 8-11～表 8-14。隔震支座等效阻尼比变化时抗震裕度曲线如图 8-3 和图 8-4 所示。

表 8-11 等效水平刚度和阻尼比分别为 4243000N/m 和 0.2 隔震核电站安全壳能力需求之比

基础与筒体交界处	能力	需求	能力/需求
截面剪应力	13.9MPa	0.658MPa	21.12
截面弯矩	5.601×10^{10}N·m	0.96×10^{9}N·m	58.36
剪切位移(隔震支座)	605mm	145.8mm	4.15

表 8-12 等效水平刚度和阻尼比分别为 4243000N/m 和 0.15 隔震核电站安全壳能力需求之比

基础与筒体交界处	能力	需求	能力/需求
截面剪应力	13.9MPa	0.654MPa	21.26
截面弯矩	5.601×10^{10}N·m	0.96×10^{9}N·m	58.43
剪切位移(隔震支座)	605mm	145.8mm	4.15

表 8-13 等效水平刚度和阻尼比分别为 4243000N/m 和 0.1 隔震核电站安全壳能力需求之比

基础与筒体交界处	能力	需求	能力/需求
截面剪应力	13.9MPa	0.67MPa	20.71
截面弯矩	5.601×10^{10}N·m	0.99×10^{9}N·m	58.6
剪切位移(隔震支座)	605mm	150.5mm	4.02

表 8-14 等效水平刚度和阻尼比分别为 4243000N/m 和 0.05 隔震核电站安全壳能力需求之比

基础与筒体交界处	能力	需求	能力/需求
截面剪应力	13.9MPa	0.691MPa	20.11
截面弯矩	5.601×10^{10}N·m	1.02×10^{9}N·m	54.69
剪切位移(隔震支座)	605mm	156mm	3.88

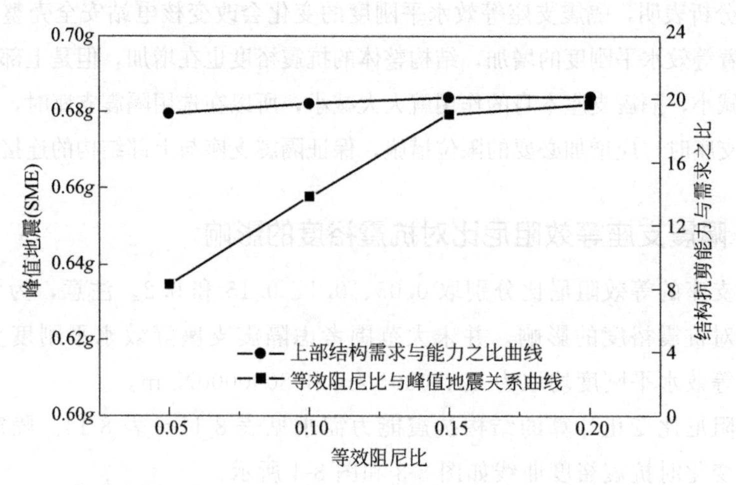

图 8-3　等效水平刚度为 4243000N/m 下随等效阻尼比变化的抗震裕度曲线

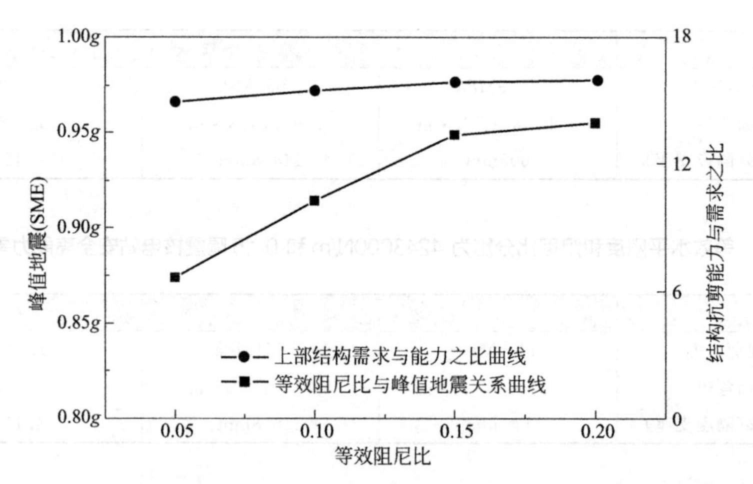

图 8-4　等效水平刚度为 8000000N/m 下随等效阻尼比变化的抗震裕度曲线

隔震支座等效阻尼比变化对核电站安全壳抗震裕度的结果表明，隔震支座等效阻尼比的变化会改变核电站安全壳整体的抗震裕度，随着等效阻尼比的增加，结构整体的抗震裕度增加，但是随着等效阻尼比变化，上部结构的能力需求之比会逐渐趋于稳定。

8.5　本章小结

本章主要利用 EPRI 报告中建议的保守确定性失效裕度分析方法（Conservative Deterministic Failure Margin Method of Analysis，CDFM）对不隔震和隔震核电站安全壳结构进行了极限状态下的评估。

当隔震支座等效水平刚度为 4243000N/m 时，不隔震核电站安全壳能承受的最大地震峰值为 1.219g，而隔震核电站安全壳能承受的最大地震峰值为 0.83g，可见隔震核电站安全壳抗震裕度有所下降，但是也可看出下降的幅度并不大，这主要和隔震支座的性能有关，如果能合理地选择隔震支座的数量及型号，并且增加合理的隔震限位装置仍可提高隔震核电站安全壳的抗震裕度。

随着隔震支座等效水平刚度的增加，结构整体的抗震裕度增加，但是上部结构的能力需求比减小，安全裕度降低；随着隔震支座等效阻尼比的增加，结构整体的抗震裕度增加，但是随着等效阻尼比变化，上部结构的能力需求之比并没有太大变化。

抗震裕度是隔震核电站安全壳结构必要的安全储备评价指标。

第9章 总结与展望

9.1 本书总结

核电站安全壳作为防止核泄漏的最后一道屏障对于核电站抗震安全性非常重要。本书以我国核电站安全壳为研究对象，以核电站安全壳建模方法为切入点，研究了其在双向地震作用下的反应，确定了考虑双向荷载路径的性能状态，提出了适用于双向地震加载的简化模型，建立了双向地震易损性曲线并最终采用 HCLPF 指标评估了其抗震能力，最后进行了隔震技术应用于核电站安全壳的可靠性研究，得到如下主要结论。

① 为了能够考虑反复作用引起的材料损伤并且有效模拟核电站安全壳结构的滞回反应，本书基于 ABAQUS 平台开发出基于塑性损伤力学和弥散裂缝模型的混凝土二维本构模型。在此基础上，对两个缩尺核电站安全壳伪静力试验进行了数值模拟，模拟结果与试验结果吻合较好。此外，所开发的混凝土二维本构模型对于单元网格划分密度的依赖程度较低，适用于不同数量网格的数值模拟分析。由此，不仅验证了结构有限元建模的合理性，同时证明了开发的混凝土二维本构材料的正确性与适用性，为后续进行大量的核电站安全壳的抗震性能分析及模型简化奠定了基础。

② 核电站安全壳动力特性分析表明其是以第一阶模态和第二阶模态为主要控制模态的结构，其第一阶模态与第二阶模态均为平动模态，周期均为 0.2s；在设计地震强度下，双向地震耦合并不会导致结构产生更大的变形，其与单向地震作用在同方向上最大位移基本一致。当地震强度增加到 2 倍 SSE 时，双向地震作用的顶点位移比单向地震作用的位移分别增大了 39.6%和 47.1%。当地震强度继续增加到 4 倍 SSE 时，双向地震作用的顶点位移比单向地震作用的位移增大了 59.3%和 77.1%。随着地震强度越大，结构进入塑性状态越严重，材料发生明显的刚度退化和强度退化，双向地震耦合会导致结构进一步产生变形；对于结构局部损伤情况，在设计地震作用下，双向地震激励和单向地震激励均不会引起结构开裂，当地震强度增大，双向地震

激励比单向地震激励更容易引起结构开裂；对于结构整体耗散能量，双向地震激励能引起比单向地震激励更大的结构损伤耗能。随着结构进入塑性程度的增大，结构耗散能量在双向和单向地震激励下的差异比顶点位移和局部损伤指标更为明显，表明累积耗散能量可能是导致结构破坏的重要因素。

③ 不同的双向荷载路径导致核电站安全壳具有不同的滞回性能，无穷形路径对其滞回性能影响最大，菱形路径对其滞回性能影响最小，此外，与单向加载路径相比，双向荷载路径导致结构屈服以后上升段明显变缓，下降段明显提前；总基底剪力-耗散能量曲线在不同荷载路径下明显不同，当总耗散能量较小时，双向地震激励能引起比单向地震激励更大的基底反力，随着总耗散能量的增大，不同双向路径下结构基底剪力比单向路径下结构基底剪力发生更早的退化，表明复杂的荷载路径改变了结构材料的损伤状态，其能导致结构在受到同样耗散能量情况下出现更为明显的强度退化和刚度退化；核电站安全壳几何与材料参数中剪跨比、厚径比、配筋率、钢筋屈服强度和混凝土抗压强度对结构强度比值和位移比值的影响较为显著，且均可采用分段线性函数表示，在此基础上，基于参数统计分析结果建立了峰值强度比值，峰值位移比值及极限位移比值的表达式，最后通过非线性拟合方法给出了回归参数，该表达式能够有效预测其在双向荷载路径下的性能状态。

④ 为了能够进行核电站安全壳简化模型的双向地震反应分析，本书在基于截面的核电站安全壳 Takeda 恢复力模型的基础上，利用 OpenSees 平台开发了适用于双向地震加载的本构模型，其代码为 BidirectionNPP，与 OpenSees 自带 Bidirectional 材料模型相比，所开发材料模型能更加有效地模拟材料的刚度及强度退化；与核电站安全壳缩尺试验进行对比，基于截面的简化模型数据结果与试验数据结果吻合较好，表明所开发程序可以很好地模拟结构在单向推覆下的受力行为；与实体有限元模型进行对比，简化模型与有限元模型的受力荷载及位移延性基本一致，验证了所开发的简化模型应用于不同双向荷载路径下的有效性及合理性，为进行大量可靠的动力时程分析奠定了基础。

⑤ 通过引入大量双向地震强度指标，研究了双向地震强度表征核电站安全壳结构反应的离散性：几何均值谱加速度，几何均值谱位移都与结构反应具有非常相似的离散性，而几何均值谱速度相比两者离散性较大。反映地震动强度的参数如 *PGA* 在结构位移反应较小时离散性较大，而 *PGV* 和 *PGD* 不论结构处于弹性阶段或者进入塑性都具有较大的离散性。反映弹性谱强度的参数如 S_a、S_v 以及 S_d 都具有类似的离散性，并且其与几何均值谱类参数离散性类似。*CAV* 与 *MIV* 在结构处于较小变形阶段时离散性都较大，随着变形增加，离散性基本维持不变；确定了双向地震强度参数 $RotD50$（S_a）作为评估指标，并采用高裕度低失效概率能力（High Confidence of

Low Probability of Failure，HCLPF）评估了核电站安全壳的真实抗震能力。核电站安全壳的开裂能力、峰值能力及极限能力采用 $RotD50$（S_a）表征，其值分别为 0.433g、1.14g 和 1.66g；与双向地震激励相比，单向地震激励分别高估了 4.1%、25.3%及 39.8%的核电站安全壳开裂能力、峰值能力及极限能力。

⑥ 隔震支座能避免核电站安全壳结构的开裂；合理选择隔震支座参数如等效水平刚度和等效阻尼比，从而将隔震层位移限制在安全范围内；混凝土和钢筋的弹性模量，混凝土的泊松比和筒壁厚度对不隔震和隔震核电站安全壳结构地震反应影响较大；对不隔震核电站安全壳结构，谱控制点对结构反应显著影响的区域集中在水平向反应谱的加速度敏感区，而对隔震核电站安全壳结构，集中于位移敏感区；随着隔震支座等效水平刚度的增加，隔震层失效的概率减小，但是核电站安全壳混凝土开裂的概率增加，合理选择隔震支座等效水平刚度，隔震核电站安全壳在峰值加速度大大增加的情况下（增加到 0.7g）仍可保持与不隔震安全壳基本等同甚至更小的失效概率；等效阻尼比变化对于隔震层失效的敏感性大于混凝土开裂的敏感性，隔震层等效阻尼比变化对上部结构影响不是很明显，而对于隔震层，随着等效阻尼比的减小，失效概率大大增加。

⑦ 抗震裕度是隔震核电站安全壳结构必要的安全储备评价指标。随着隔震支座等效水平刚度的增加，结构整体的抗震裕度增加，但是上部结构的能力需求比减小，安全裕度降低；随着隔震支座等效阻尼比的增加，结构整体的抗震裕度增加，但是随着等效阻尼比变化，上部结构的能力需求之比逐渐趋于稳定。

9.2 展望

本书在核电站安全壳遭受双向地震响应规律及隔震应用上进行了广泛而又详细的探索，取得了较为理想的结果。作者认为，为进一步认识多维地震动及其特性，还应在以下方面进行深入研究。

① 在研究核电站安全壳遭受地震作用激励下的响应规律时，仅仅考虑了双向水平分量。有历史资料和研究表明，实际地震动往往包含多个分量，如竖向分量、扭转分量和摇摆分量、并且扭转分量有可能对核电站安全壳受力行为有较大的影响，如何考虑这一情况对于进一步把握核电站安全壳的破坏机理非常重要。

② 本书在获取核电站安全壳基于截面的简化模型时，仅仅考虑了双向剪切耦合的影响，并没有考虑竖向力及弯曲力对其受力行为的影响。有研究表明，随着剪跨比越大以及轴力发生较大变化，弯曲成分和轴向成分都会发生较大改变。如何提出更为有效可靠的简化模型对准确预测结构地震响应会有很大帮助。

附　录

专业术语中英文对照

安全壳　containment

安全停堆地震　safe shutdown earthquake

标准差　standard variation

泊松分布　poisson distribution

参数回归　parameter regression

初始刚度　initial stiffness

弹性模量或杨氏模量　elastic modulus

弹性应变率　elastic strain ratio

弹性应变能　elastic strain energy

等价单轴应变　equivalent uniaxial strain

等效水平刚度　equivalent horizontal stiffness

等效阻尼比　equivalent damping ratio

地震动持时　earthquake ground motion duration

地震动峰值加速度　peak ground acceleration (PGA)

地震动峰值速度　peak ground velocity (PGV)

地震动峰值位移　peak ground displacement (PGD)

地震动强度　earthquake intensity

地震动衰减关系　earthquake motion attenuation relation

地震动预测经验方程　ground motion prediction equation

地震可靠度　seismic reliability

地震危险性曲线　seismic hazard curve

地震易损性　seismic fragility

断层距　rupture distance

对数正态分布　lognormal distribution
反应谱法　response spectrum method
分层壳　layered shell
概率地震危险性分析　probabilistic seismic hazard assessment
概率密度分布函数　probability density function
刚度退化比　stiffness degradation ratio
高裕度低失效概率　high confidence of low probability of failure（HCLPF）
骨架曲线　skeleton curve
核电站　nuclear power plant
环向配筋率　circumferential reinforcement ratio
恢复力模型　restoring force model
几何均值　geometric mean
剪跨比　shear span ratio
剪力　shear force
剪切波速　shear velocity
剪切模量　shear modulus
剪切耦合　shear coupling
剪切强度　shear strength
结构能力　seismic capacity
局部损伤　local damage
矩震级　moment magnitude
均值　mean value
抗剪能力　shear resistant capacity
抗剪需求　shear resistant demand
抗拉非弹性应变　tensile inelastic strain
抗拉强度　tensile strength
抗拉应力　tensile stress
抗弯能力　bending resistant capacity
抗弯需求　bending resistant demand
抗压非弹性应变　compressive inelastic strain
抗压强度　compressive strength
抗压应力　compressive stress
抗震裕度　seismic margin

可靠指标　reliability index
拉丁超立方抽样　latin hypercube sampling
累积绝对速度　cumulative absolute velocity (CAV)
离散裂缝模型　discrete crack model
离散性　dispersion
弥散开裂模型　smeared crack model
模态分析　modal analysis
目标反应谱　target response spectrum
捏缩效应　pinching effect
配筋率　reinforcement ratio
频度图　frequency diagram
破坏概率　failure probability
谱加速度　spectral acceleration (S_a)
谱速度　spectral velocity (S_v)
谱位移　spectral displacement (S_d)
铅芯橡胶隔震支座　lead rubber bearing (LRB)
切向抗剪能力　tangential shear capacity
曲率　curvature
屈服应力　yield stress
设计基准事故压力　design-basis accidental pressure
审查水平地震　review level earthquake (RLE)
失效裕度　failure margin
竖向配筋率　vertical reinforcement ratio
塑性应变率　inelastic strain ratio
随机变量　random variable
损伤耗散能量　dissipated damage energy
损伤因子　damage index
条件均值谱　conditional mean spectrum
弯矩　bending
弯矩　moment
弯曲强度　bending strength
线弹性需求　linear elastic demand
一致危险性谱　uniform hazard spectrum

有效截面惯性矩　effective sectional moment of inertia
有效截面面积　effective sectional area
有效截面模量　effective sectional modulus
预应力　prestress
运行基准地震　operational basis earthquake
增量动力分析　incremental dynamic analysis (IDA)
振型阻尼比　modal damping ratio
滞回耗能　hysteretic energy
中位值　median value
周期　period
轴力　axial force
轴向应力　axial stress
主余震　mainshock-aftershock
转动裂缝　rotating crack
总应变率　total strain ratio
阻尼比　damping ratio
最大增量速度　maximum incremental velocity (MIV)
最大值　max value

参 考 文 献

[1] ABAQUS Theory Manual v6. 10 [R]. ABAQUS Inc, 2010.

[2] OpenSees官方网站 [QL]. https://opensees. berkeley. edu/.

[3] 张建伟，白海波，李昕. ANSYS 14. 0超级学习手册 [M]. 北京：人民邮电出版社，2013.

[4] Darwin D, Pecknold D A. Analysis of Cyclic Loading of Plane R/C Structures [J]. Computers and Structures, 1977, 7 (1): 137-147.

[5] Nakamura N, Tsunashima N, Nakano T, et al. Analytical Study on Energy Consumption and Damage to Cylindrical and I-Shaped Reinforced Concrete Shear Walls Subjected to Cyclic Loading [J]. Engineering Structures, 2009, 31 (4): 999-1009.

[6] Kupfer H B, Hilsdorf H K, Rusch H. Behavior of Concrete under Biaxial Stresses [J]. American Concrete Institute, 1969, 66: 656-666.

[7] Setogawa S. Tests of Reinforced Concrete Cylindrical Shell Subjected to Repeatedly Horizontal Force [J]. J Struct Constr Eng, AIJ, 1980, 290: 57-67.

[8] Kinji A. NUPEC′ Test on Nuclear Power Plants Safety against Earthquake [J]. Journal of Nuclear Science and Technology, 1989, 26 (1): 84-95.

[9] 中华人民共和国住房和城乡建设部. 混凝土结构设计规范 GB 50010—2010 [S]. 北京：中国建筑工业出版社，2010.

[10] 贡金鑫，万广泽，郭俊营，等. 核电站安全壳老化研究状况及进展 [J]. 工业建筑，2017，47 (1)：1-9.

[11] 中核集团福清核电. 安全壳要点分析 [R]. 2016. https://max. book118. com/html/2016/1014/59148175. shtm.

[12] Manjuprasad M, Gopalakrishnan S, Rao T V S R A. Non-Linear Dynamic Response of a Reinforced Concrete Secondary Containment Shell Subjected to Seismic Load [J]. Engineering Structures, 2001, 23 (5): 397-406.

[13] Nakamura N, Ino S, Kurimoto O, et al. An Estimation Method for Basemat Uplift Behavior of Nuclear Power Plant Buildings [J]. Nuclear Engineering and Design, 2007, 237: 1275-1287.

[14] Bazzurro P, Cornell C A. Disaggregation of Seismic Hazard [J]. Bulletin of the Seismological Society of America, 1999, 89 (2): 501-520.

[15] 国家地震局. 核电厂抗震设计标准：GB 50267—2019 [S]. 北京：中国计划出版社，2019.

[16] Nakamura N, Akita S, Suzuki T, et al. Study of Ultimate Seismic Response and Fragility Evaluation of Nuclear Power Building Using Nonlinear Three-Dimensional Finite Element Model [J]. Nuclear Engineering and Design, 2010, 240: 166-180.

[17] Hatzigeorgiou G D, Beskos D E. Inelastic Displacement Ratios for SDOF Structures Subjected to Repeated Earthquakes [J]. Engineering Structures, 2009, 31 (11): 2744-2755.

[18] Kitada Y, Nishikawa T, Takiguchi K, et al. Ultimate Strength of Reinforce Concrete Shear Walls under Multi-Axes Seismic Loads [J]. Nuclear Engineering and Design, 2007, 237 (12): 1307-1314.

[19] Yoshizaki S, 田中宏志. Evaluation Method for Restoring Force Characteristics of R/C Shear Walls of

Reactor Buildings: Part 2 Referred Test Data [C]. Summaries of Technical Papers of Meeting Architectural Institute of Japan. B, Structures I. Architectural Institute of Japan, 1987.

[20] Park Y J, Hofmayer C H. Technical Guidelines for Aseismic Design of Nuclear Power Plants [R]. JEAG 4601-1991 Supplement, Japan Electric Association, 1991.

[21] Boore D M, Watson-Lamprey J, Abrahamson N A. Orientation-Independent Measures of Ground Motion [J]. Bulletin of the Seismological Society of America, 2006, 96 (4): 1502-1511.

[22] Kennedy R P, Ravindra M K. Seismic Fragilities for Nuclear Power Plant Risk Studies [J]. Nuclear Engineering and Design, 1984, 79 (1): 47-68.

[23] Ozaki M, Okazaki A, Tomomoto K, et al. Improved Response Factor Methods for Seismic Fragility of Reactor Building [J]. Nuclear Engineering and Design, 1998, 185: 277-291.

[24] Alembagheri M, Ghaemian M. Damage Assessment of a Concrete Arch Dam Through Nonlinear Incremental Dynamic Analysis [J]. Soil Dynamics and Earthquake Engineering, 2013, 44 (1): 127-137.

[25] Newmark N M, Hall W J. Development of criteria for seismic review of selected nuclear power plants [R]. 1978.

[26] 赵国藩. 工程结构可靠性理论与应用 [M]. 大连: 大连理工大学出版社, 1996.

[27] 张明. 结构可靠度分析——方法与程序 [M]. 北京: 科学出版社, 2008.

[28] 任重. ANSYS实用分析教程 [M]. 北京: 北京大学出版社, 2003.

[29] 江近仁, 赵衍刚, 孙爱荣. 核电厂混凝土安全壳的地震可靠性分析 [J]. 地震工程与工程振动, 1995, 15 (1): 26-35.

[30] 中华人民共和国住房和城乡建设部. 建筑抗震设计规范: GB 50011—2010 [S]. 北京: 中国建筑工业出版社, 2010.

[31] 廖汶, 卢文达, 陈忠延. 地震作用下钢筋混凝土安全壳的SCA可靠性分析 [J]. 工程力学, 1998, 15 (3): 61-68.

[32] 刘志文, 陈艾荣, 贺拴海. 风荷载作用下斜拉桥概率有限元分析 [J]. 长安大学学报, 2004, 24 (2): 53-57.

[33] Electric Power Research Institute (EPRI). A Methodology For Assessment of Nuclear Power Plant Seismic Margin (Revision1) [R]. 1991.

[34] Nam H L, Ki B S. Seismic capability evaluation of the prestressed reinforced concrete containment, Yong wang nuclear power plant Units 5 and 6 [J]. Nuclear Engineering and Design, 1999, 192: (2-3): 189-203.